高等职业教育计算机类系列教材

Java 程序设计

主　编　李伟群
副主编　李　锋　高　强　刘　薇
参　编　胡　洋　丁怡心　洪允德
　　　　潘　俊　廖勇毅

机械工业出版社

本书从 Java 程序设计初学者的角度出发，对 Java 语言的基本概念和技术等内容进行了全面、详细的讲解。全书共 13 章，主要介绍了 Java 语法基础、面向对象程序设计、数组与字符串、异常处理、输入与输出、多线程编程、图形用户界面设计与功能实现、数据库编程以及网络编程的相关知识，且每章都配有丰富的实例及习题，帮助读者理解和掌握书中的内容，非常适合教师教学和学生自学。

本书适合作为高职院校计算机相关专业"Java 程序设计"课程的教材，也可以作为程序设计员或对 Java 编程感兴趣的读者的入门参考书。

为方便教学，本书配备电子课件等教学资源。凡选用本书作为教材的教师均可登录机械工业出版社教育服务网 www.cmpedu.com 免费下载。如有问题请致信 cmpgaozhi@sina.com，或致电 010-88379375 联系营销人员。

图书在版编目（CIP）数据

Java 程序设计 / 李伟群主编. —北京：机械工业出版社，2017.3（2023.1 重印）
高等职业教育计算机类系列教材
ISBN 978-7-111-56104-0

Ⅰ.①J… Ⅱ.①李… Ⅲ.①JAVA 语言-程序设计-高等职业教育-教材 Ⅳ.①TP312.8

中国版本图书馆 CIP 数据核字（2017）第 031664 号

机械工业出版社（北京市百万庄大街 22 号　邮政编码 100037）
策划编辑：刘子峰　　责任编辑：刘子峰
责任校对：刘秀芝　　封面设计：陈　沛
责任印制：郜　敏
北京盛通商印快线网络科技有限公司印刷
2023 年 1 月第 1 版 · 第 6 次印刷
184mm×260mm · 16.5 印张 · 398 千字
标准书号：ISBN 978-7-111-56104-0
定价：39.80 元

电话服务　　　　　　　　　网络服务
客服电话：010-88361066　　机　工　官　网：www.cmpbook.com
　　　　　010-88379833　　机　工　官　博：weibo.com/cmp1952
　　　　　010-68326294　　金　书　网：www.golden-book.com
封底无防伪标均为盗版　　　机工教育服务网：www.cmpedu.com

前　言

　　Java 是目前最为流行的程序开发语言之一。作为一种完全面向对象的语言，它吸取了其他语言的优点，设计简洁而优美，使用起来方便而高效，具有通用、高效、平台可移植和安全等特点，被广泛应用于数据中心、游戏控制、超级计算机、移动电话和互联网等领域。

　　本书是依据《中华人民共和国高等教育法》中规定的"专科教育应当使学生掌握本专业必备的基础理论、专门知识，具有从事本专业实际工作的基本技能和初步能力"以及《教育部关于加强高职高专教育人才培养工作的意见》（教高［2000］2号）、《教育部关于全面提高高等职业教育教学质量的若干意见》（教高［2006］16号）等文件精神，并依据计算机信息工程技术专业的人才培养目标和培养规格的要求编写而成。本书的编写强调"以就业为导向，以能力为本位"的高等职业教育思想，具有如下几个特点：

　　1）语法等基础知识内容的排序仍然按照"学科体系"的原则，遵循学生认知规律，由浅入深、由简单到复杂、由局部到系统。讲解内容概念清晰，学习门槛低，读者容易入门。

　　2）示例内容的讲解浅显易懂。复杂的例子从简单例子引入，进行功能拆解，并加上注释或提示，使读者快速掌握知识点。

　　3）每章开篇列出本章重点内容，并清晰标出所属章节序号，方便读者把握重点，提高学习效率。

　　4）每章提供了丰富的实训任务和习题，方便读者及时检验学习效果。

　　本书共13章，内容包括：Java语言基础，标识符、关键字和数据类型，运算符、表达式和语句，面向对象程序设计，数组，字符串，异常处理，输入与输出，多线程编程，图形用户界面设计与功能实现，数据库编程以及网络编程。全部程序开发在Eclipse平台上进行。

　　本书编者均为具有丰富教学和实践经验的一线计算机专业老师。李伟群任主编，负责编制大纲及全书的统稿、审阅；李锋、高强、刘薇任副主编，参加编写的还有胡洋、丁怡心、洪允德、潘俊和廖勇毅。

　　由于编者水平有限，书中难免存在错漏或不当之处，敬请广大读者批评指正。

编　者

目 录

前言
第1章 Java 语言基础 ································· 1
1.1 Java 语言概述 ································· 1
1.1.1 Java 语言简介 ································ 1
1.1.2 Java 语言的特点 ······························ 1
1.2 了解程序设计语言 ······························ 2
1.2.1 机器语言、汇编语言和高级语言 ············· 2
1.2.2 面向过程与面向对象程序设计语言 ············ 3
1.3 Java 开发工具（JDK）的安装与设置 ············ 4
1.3.1 JDK 的下载与安装 ···························· 4
1.3.2 JDK 的参数配置 ······························ 5
1.3.3 JDK 常用命令 ································· 8
1.4 Java API ·· 9
1.5 Java 程序开发实例 ······························ 10
1.5.1 Java 应用程序开发过程 ······················· 10
1.5.2 第一个 Java 应用程序 ························ 11
1.5.3 Java 程序规范 ································ 13
1.5.4 Java 常用开发工具 ··························· 14
1.5.5 Eclipse 开发工具 ····························· 14
本章小结 ·· 16
习题 1 ··· 16

第2章 标识符、关键字和数据类型 ·················· 18
2.1 标识符和关键字 ································· 18
2.1.1 标识符 ·· 18
2.1.2 关键字 ·· 20
2.1.3 分隔符 ·· 21
2.2 基本数据类型 ··································· 22
2.2.1 整型 ·· 22
2.2.2 浮点型 ·· 24
2.2.3 字符型 ·· 25
2.2.4 布尔型 ·· 26
2.3 基本数据类型的转换 ····························· 26

2.3.1　自动类型转换 ·· 26
　　　2.3.2　强制类型转换 ·· 27
　2.4　常量与变量 ·· 28
　　　2.4.1　常量 ··· 28
　　　2.4.2　变量 ··· 29
　本章小结 ··· 31
　习题2 ·· 31

第3章　运算符、表达式和语句 ··· 33
　3.1　运算符 ·· 33
　　　3.1.1　赋值运算符 ··· 33
　　　3.1.2　算术运算符 ··· 34
　　　3.1.3　关系运算符 ··· 36
　　　3.1.4　逻辑运算符 ··· 36
　　　3.1.5　位运算符 ··· 38
　　　3.1.6　条件运算符 ··· 40
　3.2　表达式与优先级 ·· 40
　　　3.2.1　表达式 ·· 40
　　　3.2.2　优先级 ·· 41
　3.3　语句及程序结构 ·· 41
　3.4　分支语句 ·· 42
　　　3.4.1　if 语句 ·· 42
　　　3.4.2　switch 语句 ·· 45
　3.5　循环语句 ·· 47
　　　3.5.1　while 语句 ·· 47
　　　3.5.2　do-while 语句 ·· 48
　　　3.5.3　for 循环语句 ··· 49
　　　3.5.4　多重循环 ··· 51
　　　3.5.5　循环语句小结 ·· 52
　3.6　跳转语句 ·· 53
　　　3.6.1　return 语句 ··· 53
　　　3.6.2　break 语句 ··· 54
　　　3.6.3　continue 语句 ·· 55
　3.7　断言 ··· 56
　　　3.7.1　断言的语法与使用方式 ··· 56
　　　3.7.2　断言的编译与执行 ··· 58
　本章小结 ··· 59
　习题3 ·· 59

第4章 面向对象程序设计 62
4.1 面向对象技术基础 62
4.1.1 面向对象的基本概念 62
4.1.2 面向对象的特性 62
4.2 类 63
4.2.1 Java 类及类的声明 63
4.2.2 对象的概念及创建 64
4.2.3 使用对象 65
4.2.4 对象的初始化和构造方法 65
4.2.5 销毁对象 66
4.2.6 类成员变量 67
4.2.7 类成员方法 67
4.3 特殊类 72
4.3.1 抽象类 72
4.3.2 final 类 74
4.4 接口 74
4.4.1 接口的作用 74
4.4.2 接口的声明 74
4.4.3 接口的实现 75
4.5 内部类 77
4.5.1 成员内部类 77
4.5.2 局部内部类 78
4.5.3 静态内部类 79
4.5.4 匿名内部类 81
4.6 其他修饰符 81
4.6.1 final 关键字 81
4.6.2 this 关键字 82
4.6.3 static 关键字 83
4.7 包 84
4.7.1 包及其创建 84
4.7.2 使用包中的类 84
4.7.3 默认包 85
4.7.4 编译时类路径具体化 85
4.7.5 访问权限 85
4.8 继承 85
4.8.1 继承的基本概念 85
4.8.2 继承的实现 86
4.8.3 this 和 super 引用比较 88
4.8.4 接口的继承 90

4.9 类的多态 ··· 93
    4.9.1 方法重载 ··· 93
    4.9.2 方法覆盖 ··· 93
    4.9.3 构造方法的重载与继承 ·· 94
本章小结 ··· 96
习题 4 ·· 96

第 5 章 数组 ·· 99
5.1 一维数组 ··· 99
    5.1.1 一维数组的声明、创建与初始化 ··································· 99
    5.1.2 一维数组元素的引用 ··· 100
    5.1.3 一维数组应用举例 ·· 101
5.2 二维数组 ··· 102
    5.2.1 二维数组的声明与创建 ·· 102
    5.2.2 二维数组元素的引用 ··· 103
    5.2.3 二维数组应用举例 ·· 103
5.3 数组的使用 ·· 104
    5.3.1 数组的基本操作 ··· 104
    5.3.2 数组参数 ·· 105
    5.3.3 Arrays 类 ··· 106
本章小结 ··· 107
习题 5 ·· 107

第 6 章 字符串 ·· 111
6.1 字符串与 String 类 ··· 111
    6.1.1 字符串 ··· 111
    6.1.2 String 类概述 ·· 111
    6.1.3 创建 String 类对象 ··· 112
    6.1.4 String 类的常用方法 ··· 113
6.2 StringBuffer 类 ··· 119
    6.2.1 创建 StringBuffer 类对象 ··· 119
    6.2.2 StringBuffer 类的常用方法 ·· 119
    6.2.3 String 类与 StringBuffer 类比较 ·································· 121
本章小结 ··· 123
习题 6 ·· 123

第 7 章 异常处理 ·· 128
7.1 Java 编程中的错误 ··· 128
    7.1.1 编译错误 ·· 128
    7.1.2 运行错误 ·· 129

7.2 异常及其分类 129
7.2.1 异常的基本概念 129
7.2.2 系统定义的运行异常 130
7.2.3 用户自定义的异常 131
7.3 抛出异常 132
7.3.1 系统自动抛出异常 132
7.3.2 throw 语句抛出的异常 133
7.4 处理异常 135
本章小结 139
习题 7 140

第 8 章 输入与输出 143
8.1 输入/输出流概述 143
8.2 文件 144
8.2.1 File 类 144
8.2.2 FileInputStream/FileOutputStream 类 148
8.2.3 FileReader/FileWriter 类 150
8.3 字节流 152
8.3.1 InputStream/OutputStream 类 152
8.3.2 ByteArrayInputStream/ByteArrayOutputStream 类 153
8.3.3 DataInputStream/DataOutputStream 类 154
8.3.4 BufferedInputStream/BufferedOutputStream 类 156
8.4 字符流 157
8.4.1 Reader/Writer 类 157
8.4.2 InputStreamReader/OutputStreamWriter 类 157
8.4.3 BufferedReader/BufferedWriter 类 158
8.5 标准输入与输出 159
8.6 其他流 161
本章小结 162
习题 8 162

第 9 章 多线程编程 164
9.1 多线程机制 164
9.1.1 线程概述 164
9.1.2 线程的状态 165
9.1.3 线程的优先级 166
9.2 线程的建立和实现 166
9.2.1 继承 Thread 类 166
9.2.2 实现 Runnable 接口 168

9.2.3 线程的休眠 …… 168
9.3 线程的同步、等待和死锁 …… 170
9.3.1 线程的同步 …… 170
9.3.2 线程的等待 …… 172
9.3.3 死锁 …… 172
本章小结 …… 173
习题9 …… 173

第10章 图形用户界面设计 …… 175

10.1 GUI 组件简介 …… 175
10.1.1 java.awt 包和 javax.swing 包 …… 175
10.1.2 GUI 设计及实现的一般步骤 …… 176
10.2 Swing 基本组件 …… 176
10.2.1 组件和容器 …… 176
10.2.2 框架 …… 178
10.2.3 标签 …… 180
10.2.4 按钮 …… 181
10.2.5 面板 …… 181
10.2.6 菜单 …… 183
10.2.7 复选框及按钮组 …… 186
10.2.8 单选按钮 …… 187
10.2.9 组合框 …… 187
10.2.10 列表 …… 188
10.2.11 文本框 …… 189
10.2.12 文本区域 …… 189
10.2.13 滚动条 …… 191
10.2.14 工具栏 …… 192
10.2.15 其他组件 …… 192
10.3 布局管理器 …… 195
10.3.1 流式布局 …… 196
10.3.2 边界布局 …… 196
10.3.3 网格布局 …… 197
10.3.4 其他部件管理器 …… 197
10.4 其他相关类 …… 199
10.4.1 Graphics 类 …… 199
10.4.2 Font 类 …… 200
10.4.3 Color 类 …… 201
本章小结 …… 202
习题10 …… 202

第 11 章　图形用户界面的功能实现 ………………………………………………………… 204
11.1　Java 事件处理机制 ……………………………………………………………………… 204
11.1.1　事件和事件源 …………………………………………………………………… 204
11.1.2　事件监听器 ……………………………………………………………………… 205
11.1.3　监听器接口适配器 ……………………………………………………………… 207
11.2　事件处理 ………………………………………………………………………………… 207
11.2.1　处理动作事件 …………………………………………………………………… 207
11.2.2　处理数据项事件 ………………………………………………………………… 209
11.2.3　处理调整事件 …………………………………………………………………… 210
11.2.4　处理文本事件 …………………………………………………………………… 211
11.2.5　处理文档事件 …………………………………………………………………… 211
11.2.6　处理窗口事件 …………………………………………………………………… 212
11.2.7　处理键盘事件 …………………………………………………………………… 213
11.2.8　处理鼠标事件 …………………………………………………………………… 213
11.3　综合实训 ………………………………………………………………………………… 215
11.3.1　实训 1：内部类作为事件监听器 ……………………………………………… 215
11.3.2　实训 2：匿名类作为事件监听器 ……………………………………………… 216
本章小结 ……………………………………………………………………………………… 217
习题 11 ………………………………………………………………………………………… 217

第 12 章　数据库编程 …………………………………………………………………………… 218
12.1　JDBC 概述 ……………………………………………………………………………… 218
12.1.1　JDBC 的任务 …………………………………………………………………… 218
12.1.2　JDBC 应用模型 ………………………………………………………………… 218
12.1.3　JDBC 接口 ……………………………………………………………………… 219
12.2　建立 JDBC 连接 ………………………………………………………………………… 219
12.2.1　安装 MySQL …………………………………………………………………… 220
12.2.2　建立和配置连接 ………………………………………………………………… 220
12.2.3　连接过程 ………………………………………………………………………… 224
12.3　操作数据库 ……………………………………………………………………………… 224
12.3.1　利用 JDBC 发送 SQL 语句 …………………………………………………… 224
12.3.2　获得 SQL 语句的执行结果 …………………………………………………… 227
本章小结 ……………………………………………………………………………………… 230
习题 12 ………………………………………………………………………………………… 230

第 13 章　网络编程 ……………………………………………………………………………… 231
13.1　网络编程的基本概念 …………………………………………………………………… 231
13.2　使用 URL 的 Java 网络编程 …………………………………………………………… 231

13.2.1 URL 概述 ·· 231
13.2.2 URL 类 ·· 232
13.2.3 创建 URL 对象 ·· 232
13.2.4 解析 URL ·· 232
13.2.5 从 URL 读取 WWW 网络资源 ································ 233
13.2.6 通过 URLConnection 连接 WWW ···························· 234
13.3 使用 Socket 的 Java 网络编程 ··· 236
13.3.1 Socket 通信（流式通信） ·· 236
13.3.2 Socket 通信的一般过程 ·· 237
13.3.3 创建 Socket ·· 237
13.3.4 客户端的 Socket ·· 238
13.3.5 服务器端的 ServerSocket ·· 238
13.3.6 支持多客户的 Client/Server 程序设计 ······················· 242
13.3.7 URL 与 Socket 通信的区别 ······································ 244
13.4 数据报通信 ·· 244
13.4.1 DatagramPacket 类和 DatagramSocket 类 ··················· 245
13.4.2 基于 UDP 的简单 Client/Server 程序设计 ·················· 246
本章小结 ·· 249
习题 13 ·· 249

参考文献 ·· 250

第1章　Java 语言基础

学习目标

1. 了解 Java 语言的特点（1.1）及计算机程序设计语言的分类（1.2）。
2. 搭建 Java 开发工具包及开发环境（1.3）。
3. 了解 Java API 的主要功能（1.4）。
4. 理解 Java 工作机制（1.5.1）。
5. 了解 Java 程序规范（1.5.3）。
6. 熟悉一种 Java 常见开发工具（1.5.5）。

1.1　Java 语言概述

1.1.1　Java 语言简介

1. Java 语言的产生

Java 技术的创始者 Sun 公司在 1995 年发布了名为 Oak 的编程语言，主要用于消费性电子产品（电冰箱、电视机等）的软件开发，后改名为 Java。这是世界上的一个革命性编程语言，它被美国著名杂志《PC Magazine》评为 1995 年十大优秀科技产品之一。之所以称其为革命性的，是因为传统的软件往往与具体的实现环境有关，一旦环境改变就要对软件进行改动，耗时费力，而用 Java 编写的软件能在执行码上兼容，这样只要计算机安装了 Java 解释器，软件就可以运行。

2. Java 语言的发展

最早的 Java 版本 JDK 1.0 于 1996 年正式推出，之后不断改进和升级，发布了多个版本。1998 年升级为 JDK 1.2，2000 年发布了 JDK 1.3，之后是 1.4～1.6 版本。2009 年甲骨文公司收购 Sun 公司，取得了 Java 的版权。2011 年 7 月，甲骨文公司发布 Java 7 的正式版。2014 年，发布 Java 8。2018 年发布了 Java 11，这是 Java 8 以后支持的首个长期版本。

目前，Java 主要有以下 3 个独立的版本。

1）JavaSE（Java Platform Standard Edition）：Java 语言的标准版本，包含 Java 基础类库和语法。它用于开发具有丰富的 GUI（图形用户界面）、复杂逻辑和高性能的桌面应用程序，也是本书主要介绍的内容。

2）JavaEE（Java Platform Enterprise Edition）：主要用于分布式的网络程序的开发，如电子商务网站和 ERP 系统。

3）JavaME（Java Platform Micro Edition）：主要应用于嵌入式系统开发，如移动终端程序的开发。

1.1.2　Java 语言的特点

Java 语言适用于 Internet 环境，是一种被广泛使用的网络编程语言，它具有面向对象、简单、与平台无关、安全、动态、多线程等特点。另外 Java 语言还提供了丰富的类库，方便用户进行操作。

1）面向对象。基于面向对象的编程更贴近人类的思维方式，使人们更容易编写程序。本书将在第 4 章详细介绍类、对象、继承等概念。

2）简单性。Java 的语法风格非常近似于 C++ 语言，但删改了 C++ 中的指针、操作符重载等一些易混淆的地方。Java 语言还通过实现自动垃圾收集大大简化了程序设计人员的内存管理工作。C++ 中复杂而灵活的指针操作往往导致严重的错误，一向是开发调试人员深感棘手的问题，而这在 Java 中却不存在。Java 虚拟机还能为程序链接本地甚至远程的类库，开发人员不必关注其细节。

3）分布性。Java 是面向网络的语言，通过它提供的类库可以处理 TCP/IP，用户可以通过 URL 地址在网络上很方便地访问其他对象。

4）鲁棒性。Java 在编译和运行程序时，都要对可能出现的问题进行检查，以消除错误的产生。它提供自动垃圾收集来进行内存管理，防止程序员在管理内存时容易产生的错误。通过集成的面向对象的例外处理机制，在编译时，Java 提示出可能出现但未被处理的例外，帮助程序员正确地进行选择以防止系统的崩溃。另外，Java 在编译时还可以捕获类型声明中的许多常见错误，防止动态运行时不匹配问题的出现。

5）安全性。Java 首先在编译时进行语法、语义的检查。链接时，还要再进行一遍编译级的类型检查，消除间接对象访问。运行时，Java 的运行时系统将进行字节码检验，并记录对象的存储情况，将访问限制在安全范围之内。本地的类与远程的类分开运行，阻止远程系统对本地系统的破坏。支持 Java 的浏览器还允许用户控制 Java 软件对本地系统的访问。各种措施的综合使 Java 程序的安全性得到保证。

6）可移植性。与平台无关的特性使 Java 程序可以方便地被移植到网络上的不同机器。同时，Java 的类库中也实现了与不同平台的接口，使这些类库可以移植。另外，Java 编译器是由 Java 语言实现的，Java 运行时系统由标准 C 语言实现，这使得 Java 系统本身也具有可移植性。

7）解释执行。Java 解释器直接对 Java 字节码进行解释执行。字节码本身携带了许多编译时信息，使得连接过程更加简单。

8）高性能。和其他解释执行的语言如 BASIC、TCL 不同，Java 字节码的设计使之能很容易地直接转换成对应于特定 CPU 的机器码，从而得到较高的性能。

9）多线程。多线程机制使应用程序能够并行运行，而且同步机制保证了对共享数据的正确操作。通过使用多线程，程序设计者可以分别用不同的线程完成特定的行为，而不需要采用全局的事件循环机制，这样就很容易实现网络上的实时交互行为。

10）动态性。Java 的设计使它适合于一个不断发展的环境。在类库中可以自由地加入新的方法和实例变量而不会影响用户程序的执行。并且 Java 通过接口来支持多重继承，使之比严格的类继承具有更灵活的方式和扩展性。

可以看出，Java 在诸多方面具有无可比拟的优势。如果读者对这一节中有的名词不太理解，可以翻阅、学习后面相关章节的内容。

1.2 了解程序设计语言

1.2.1 机器语言、汇编语言和高级语言

1. 机器语言

机器语言是直接用二进制代码指令表达的计算机语言，指令是用 0 和 1 组成的一串代

码，它们有一定的位数，并分成若干段，各段的编码表示不同的含义。例如，某台计算机字长为 16 位，即由 16 个二进制数组成一条指令或其他信息。16 个 0 和 1 可组成各种排列组合，通过线路变成电信号，让计算机执行各种不同的操作。

2．汇编语言

汇编语言（Assembly Language）是面向机器的程序设计语言，它利用计算机所有硬件特性并能直接控制硬件。汇编语言作为一门语言，需要一个"汇编器"来把汇编语言源文件汇编成机器可执行的代码。高级的汇编器如 MASM、TASM 等为程序员编写汇编程序提供了很多类似于高级语言的特征，比如结构化、抽象等。在这样的环境中编写的汇编程序，有很大一部分是面向汇编器的伪指令，已经类同于高级语言。

3．高级语言

计算机语言有高级语言和低级语言之分，而高级语言又主要是相对于汇编语言而言的，它是较接近自然语言和数学公式的编程语言，基本脱离了机器的硬件系统，用人们更易理解的方式编写程序。

高级语言并不是特指的某一种具体的语言，而是包括很多编程语言，如目前流行的 Java、C++、NET、VB、Delphi 等，这些语言的语法、命令格式都不相同。

4．三者的关系

机器语言是最基本的二进制代码，计算机或其他设备可直接读取；汇编语言是用一些简单的代码来表示，每一个汇编命令都对应一个相应的机器码，汇编程序运行时先转成机器码然后才可运行；高级语言是用人们平时熟悉的语言来描述一个程序，运行时要汇编再编译。由此可见，机器语言是最基本的，汇编语言稍高一级，执行需转成机器语言，高级语言用起来方便，但编译麻烦，最终也要转换成机器语言才能运行。

1.2.2 面向过程与面向对象程序设计语言

目前，高级语言一般分为面向过程程序设计语言和面向对象程序设计语言两类。

1．面向过程程序设计语言

面向过程就是分析出解决问题所需要的步骤，然后用函数把这些步骤一一实现，使用的时候依次调用即可。例如五子棋游戏，面向过程的设计思路就是首先分析问题的步骤：

1）开始游戏；
2）黑子先走；
3）绘制画面；
4）判断输赢；
5）轮到白子；
6）绘制画面；
7）判断输赢；
8）返回步骤 2；
9）输出最后结果。

把上面每个步骤分别用函数来实现，问题就解决了。

2. 面向对象程序设计语言

面向对象是把构成问题的事务分解成各个对象,建立对象的目的不是为了完成一个步骤,而是为了描述某个事物在整个解决问题的步骤中的行为。仍以五子棋游戏为例,面向对象程序设计将该问题分解为以下几部分:

1) 黑白双方,这两方的行为是一模一样的;
2) 棋盘系统,负责绘制画面;
3) 规则系统,负责判定诸如犯规、输赢等。

1.3 Java 开发工具(JDK)的安装与设置

学习 Java 需要有一个程序开发环境。JDK(Java Development Kit)即 Java 开发工具包,是整个 Java 的核心,即只有正确安装了 JDK 才能编写和运行 Java 程序。JDK 包括 Java 运行环境(Java Runtime Environment,JRE)、Java 工具和 Java 基础类库(rt.jar)。对于不需要开发而只是运行 Java 程序的用户来讲可以只单独安装 JRE 即可。Sun 公司不断对 JDK 版本进行升级,本书选用 JDK 1.8 版本。

1.3.1 JDK 的下载与安装

【任务 1-1】安装 JDK。

JDK 的安装程序 jdk-8u101-windows-x64 是一个可执行程序,直接双击运行即可。

说明:在安装过程中可以选择安装路径以及安装的组件等。

> 建议:不要把 JDK 的安装路径放在 Windows 操作系统所在分区内。

假设安装路径为 G:\Program files\Java,安装完毕后如图 1-1 所示。在 Java 文件夹内有两个子文件夹 jdk1.8.0_101 和 jre1.8.0_101,前者是 JDK 的各种程序及类库等所在的文件夹,而后者是 Java 运行环境 JRE。

图 1-1 JDK 安装路径及子文件夹

子文件夹 jdk1.8.0_101 自身所包含的文件和子文件夹如图 1-2 所示，内容说明见表 1-1。

图 1-2　子文件夹 jdk1.8.0_101 所包含的内容

表 1-1　子文件夹 jdk1.8.0_101 所包含的内容说明

文件夹	内容说明
bin	包含了一些 Java 本地实用工具，比如 javac.exe、java.exe 等
include	使用 Java 本地接口和 JVM（Java 虚拟机）调试接口的本地代码的 C 语言的头文件
jre	开发环境文件，可以设置 server 参数
lib	开发工具使用的文件（和库），包括 tools.jar、dr.jar 等
根目录下的一些文件	文件 src.zip 和 Java 平台的源代码，而其他文件则是一些自述文件、版权、LICENSE 文件等

1.3.2　JDK 的参数配置

【任务 1-2】配置 JDK 的参数。

JDK 安装完成以后，不做设置就可以直接使用，但为了方便，一般需要进行简单配置，主要是在 Windows 操作系统中配置 Java 的系统环境变量。

由于 JDK 提供的编译和运行工具都是基于命令行的，所以需要进行 DOS 方面的设置，也就是要把 JDK 安装目录下 bin 文件夹中的可执行文件都添加到 DOS 的外部命令中，这样就可以在任意路径下直接使用 bin 文件夹中的 exe 程序了。

步骤 1：在系统桌面中右键单击"计算机"，在弹出的快捷菜单中选择"属性"命令，打开"系统"窗口，如果 1-3 所示。单击左侧"高级系统设置"，进入"系统属性"对话框，选择"高级"选项卡，如图 1-4 所示。

图 1-3 "系统"窗口

图 1-4 "系统属性"对话框的"高级"选项卡

步骤 2：单击"环境变量"按钮，打开"环境变量"对话框，如果 1-5 所示。然后在"系统变量"栏中按照如下方法配置系统环境变量。

例如，如果 JDK 的安装路径是 G:\Program Files\Java\jdk1.8.0_101。

1）新建系统变量 JAVA_HOME，设置其变量值为"G:\Program Files\Java\jdk1.8.0_101"，如图 1-6 所示。

图 1-5 "环境变量"对话框

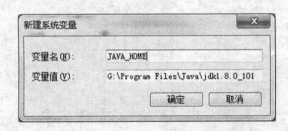

图 1-6 新建 JAVA_HOME 环境变量

2）编辑系统变量 Path，该变量的用途是使得系统查找到可执行程序所在的路径。为方便使用 Java 命令行的程序，需要把 JDK 安装路径中 bin 文件夹的路径信息添加到 Path 变量值中，添加的值为"；%JAVA_HOME%\BIN"，如图 1-7 所示。

> 注意：不要将 Path 原有的变量值删除。

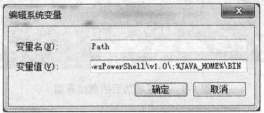

图 1-7 编辑 Path 环境变量

3）新建系统变量 CLASSPATH，设置其变量值为"．；%JAVA_HOME%\lib\dt.jar;%JAVA_HOME%\lib\tools.jar;"（"．"表示当前路径），如图 1-8 所示。

> **注意**：上述的双引号都不添加；分号是变量值分隔符，应为英文分号（半角）。

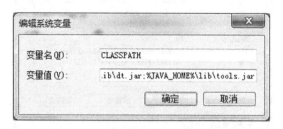

图 1-8　新建 CLASSPATH 环境变量

配置完成以后，可以使用如下方法来测试配置是否成功：选择"开始"→"运行"命令，输入"cmd"后按 <Enter> 键；或者选择"开始"→"所有程序"→"附件"→"命令提示符"命令，在"命令提示符"窗口中，输入"javac"并按 <Enter> 键执行。

如果输出的内容是使用说明，如图 1-9 所示，则说明配置成功。

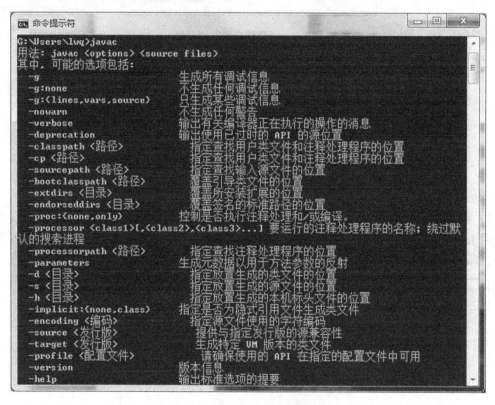

图 1-9　配置成功后的测试界面

1.3.3　JDK 常用命令

JDK 操作命令介绍见表 1-2。

表 1-2 JDK 操作命令

操作命令	说明
java	运行 Java 程序
javac	编译 Java 程序，生成 .class 文件
javaw	跟 java 命令相对，可以运行 .class 文件，主要用来执行图形界面的 Java 程序。运行 java 命令时，会出现并保持一个 Console 窗口，程序中的信息可以通过 System.out 在窗口内输出；而运行 javaw 命令，开始时会出现 Console 窗口，当主程序调用之后，该窗口就会消失。javaw 命令大多用来运行 GUI 程序
javah	C 头文件和 Stub 文件生成器。javah 从 Java 类生成 C 头文件和 C 源文件
javap	Java 类文件解析器，语法为"javap [命令选项] class..."
jdb	Java 的一个命令行调试环境，既可在本地、也可在与远程的解释器的一次对话中执行
javaws	Java 应用程序高速缓存查看器，具有图形界面，可以直接进行操作
jconsole	J2SE 监测和管理控制台——一个同 JMX 兼容的监测 Java 虚拟机的图形工具，能够监视当地或者远程的 Java 虚拟机
jps	Java 虚拟机（JVM）进程状态工具——在目标系统上列出装备有 HotSpot 的 Java 虚拟机
jstat	Java 虚拟机统计监视工具——附加到一个装备了 HotSpot 的 Java 虚拟机上来采集并且记录性能统计情况

1.4 Java API

Java API（Java Application Programming Interface，Java 应用程序接口）是 Java 语言提供的组织成包结构的许多类和接口的集合，也是 Java 的标准类库。Java 语言的内核非常小，强大的功能就主要体现在完备、丰富的 Java API 上，为用户编写应用程序提供了极大的便利。

Java API 主要包括 3 类封装包：①Java 核心包；②Javax 扩展包，包含与图形、多媒体、事件处理等相关的封装包；③org 扩展包，提供了对国际组织制定的一些标准化技术，如 XML、URL 等的支持。Java API 中的包及其主要功能按字母顺序说明见表 1-3。

表 1-3 Java API 中的包及其主要功能

分类	包的名称	包中所封装类
Java 核心包	java.accessibility	接口组件和助手技术的类和接口
	java.applet	Applet 所需的类和接口
	java.awt	图形用户界面所需的类和接口
	java.beans	Java Bean 所需的类和接口
	java.io	系统输入/输出所需的类和接口
	java.lang	Java 语言编程的基础类和接口
	java.math	支持任意精度整数和任意精度小数的类和接口

（续）

分　类	包的名称	包中所封装类
Java 核心包	java.naming	访问命名服务的类和接口
	java.net	网络应用的类和接口
	java.rmi	远程调用（RMI）的类和接口
	java.security	用于安全框架的类和接口
	java.sql	访问和处理数据源中数据的类和接口
	java.text	支持按与语言无关方式处理文本、数据、数字和消息的类和接口
	java.util	集合框架、事件模型、日期和时间机制、国际化等的类和接口
Javax 扩展包	javax.rmi	支持 RMI-IIOP 的类和接口
	javax.servlet	支持 Servlet 编程的类和接口
	javax.sound	支持音频设备数字接口（MIDI）的类和接口
	javax.swing	扩充和增强基本图形用户界面功能的类和接口
	javax.transaction	包含有几个关于事务上下文异常的类
org 扩展包	org.omg.CORBA	支持 OMG CORBA API 到 Java 语言映射的类和接口

　　Java API 包含在 JDK 中，因此用户只要按照 1.3 节介绍的方法安装了 JDK 运行环境就可以使用了。Sun 公司提供了一套完整的 Java API 的说明文档，帮助用户查找标准类库中各种类的定义信息和使用说明，习惯上将此文档称为 JDK 文档或 Java 帮助文档。用户可以登录到甲骨文公司的官方网站 http://www.oracle.com/technetwork/java/api-141528.html 在线查阅。网站给出了不同版本的 API 的下载。例如，JavaSE 8 的 API 网址为 http://docs.oracle.com/javase/8/docs/api/。

　　Java 语言在不断发展，这表现在 JDK 运行环境的版本在不断提高。因此，读者学习本书时，可能 Java API 中又包含了新的包，或某些包中又增加了新的子包。

　　打开 JDK 的帮助文档，可以看到 Java API 的详细说明文档。建议读者在进行 Java 学习时学会使用 JDK 文档，并养成利用 JDK 文档解决问题的好习惯。

1.5　Java 程序开发实例

1.5.1　Java 应用程序开发过程

　　1）编写源文件：使用文本编辑器即可，如记事本或者 Edit 等，不可以使用 Word 等字处理软件，因为含有不可见字符。将编写好的源文件保存起来，源文件扩展名必须是 .java。

　　2）编译 Java 源文件：使用 Java 编译器（javac.exe）编译源文件，生成字节码文件（.class）。Java 程序的跨平台主要就是指字节码文件可以在任何具有 Java 虚拟机的计算机或者电子设备上运行，Java 虚拟机中的 Java 解释器负责将字节码文件解释生成特定的机器码来运行。

　　3）运行 Java 程序：Java 程序有 Java 应用程序（Application）、Applet 小程序与 Servlet 小程序 3 种基本类型。其中，Java 应用程序是本书讲解的重点，也是学习其他两类小程序的基础。

　　Java 应用程序开发过程如图 1-10 所示。

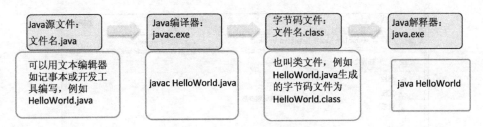

图1-10 Java 应用程序开发过程

1.5.2 第一个 Java 应用程序

【任务1-3】编写第一个 Java 应用程序 HelloWorld.java，在显示器显示文字"Hello World！"。

程序源文件如下：

```java
/*第一个 Java Application:
用记事本编写源程序:HelloWorld.java */
public class HelloWorld{
    public static void main(String[] args){
        System.out.println("Hello World!");
        //显示屏上显示字符串"Hello World!"
    }
}
```

步骤1：启动"记事本"，输入程序代码，如图1-11所示。

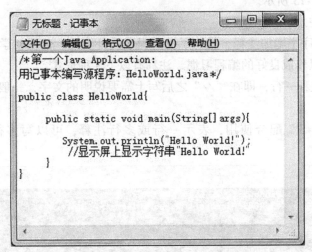

图1-11 在记事本中输入程序代码

步骤2：保存文件。在菜单栏中选择"文件"→"保存"命令，在弹出的"保存"对话框中的"文件名"栏中输入"HelloWorld.java"，如图1-12所示。

单击"保存"按钮，退出记事本。

步骤3：编译源文件，生成字节码文件。编译器 Javac 把源文件转换成 JVM（Java Virtual Machine，Java 虚拟机）所能识别的指令，形成字节码文件。

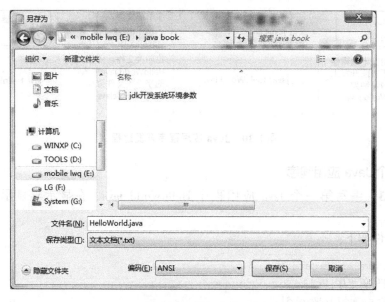

图 1-12 保存文件

1）在系统桌面中选择"开始"→"程序"→"附件"→"命令提示符"命令，进入到保存 HelloWorld.java 文件的路径下。

2）输入命令"javac HelloWorld.java"并按<Enter>键，编译源文件。

步骤 4：运行字节码文件程序。在同一路径下，输入命令"java HelloWorld"并运行，程序运行结果如图 1-13 所示。

在本例中，请注意以下几点：

1）注释。在程序中增加注释，是为了提高程序的可读性。建议初学者写程序时在关键代码行添加注释，以养成良好的编程习惯。注释有以下 3 种形式：

①"//"表示注释一行，即在"//"之后写上需要说明的文字，一般放在被注释语句的上一行或行末。

②"/*"与"*/"配合使用，表示一行或多行注释，可以写多行需要注释说明的文字。

图 1-13 程序运行文件

③ "/＊＊" 和 "＊/" 配合使用，表示文档注释，可以由 javadoc 命令将这些注释内容生成帮助文档。

2）每个 Java 源文件包含至少一个类，最多只能有一个 public 类。方法 main() 一定要放在这个 public 类中，这样这个类才能运行。

3）命名源文件。一个源程序文件中可以声明多个类，但仅允许一个 public 类，并且源文件名要与 public 类的名称相同。

4）源文件的组成。一个源程序文件中，可以含有注释、类的声明，还可以有引入语句（import）、包语句（package）和接口声明（interface），不能再有其他的成分。

5）类成员方法声明。Java 的应用程序最多包含一个主方法 main()。main() 必须要用关键字说明它是公共的（public）、静态的（static）或无返回值的（void）。方法名称之后的一对圆括号中是方法的形式参数，主方法的参数是字符串类型（String）的数组 args[]。一个类中可以声明多个方法。应用程序从主方法 main() 开始运行，通过主方法再调用其他的方法。

6）所有的 Java 语句都必须以分号";"结束。

7）代码行的缩进和空白行使程序更易阅读和理解。

1.5.3 Java 程序规范

一个完整的 Java 源程序应该包括下列部分：

1）package 语句。该部分最多只有一句，必须放在源程序的第一句，用来说明该源程序属于某个包。Java 用 package 来管理类名空间。关于 package 会在本书第 4 章中介绍。

2）import 语句。import 语句标识用来通知编译器在编译时找到相应的类文件。该部分可以有若干 import 语句或者没有，必须放在所有的类定义之前。特别地，java.lang 中的类不需要 import。

3）public class 定义。公共类定义部分，至多只有一个公共类的定义。如果在源程序中包含有公共类的定义，则该源程序文件名必须与该公共类的名字完全一致，字母的大小写都必须一样。

4）class 定义。类定义部分，可以有 0 个或者多个类定义。

5）interface 定义。接口定义部分，可以有 0 个或者多个接口定义。

例如，一个 Java 源程序可以是如下结构，该源程序命名为 Myapp.java：

```
package myjava.helloworld;          /＊把编译生成的所有.class 文件放到包 myjava.
                                    helloworld 中＊/
import java.awt.＊;                 //通知编译器本程序中用到系统的 AWT 包
import javawork.newcentury;         /＊告诉编译器本程序中要用到用户自定义的包 javawork.
                                    newcentury＊/
public class Myapp{…}               //公共类 Myapp 的定义,名字与文件名相同
class TheFirstClass{…}              //第一个普通类 TheFirstClass 的定义
class TheSecondClass{…}             //第二个普通类 TheSecondClass 的定义
…                                   //其他普通类的定义
```

```
interface TheFirstInterface{…}  //第一个接口 TheFirstInterface 的定义
…                                //其他接口定义
```

1.5.4 Java 常用开发工具

下面介绍几种适合初学者的 Java 开发工具。

1. UltraEdit

UltraEdit 是共享软件，它的官方网址是 www.ultraedit.com，最新版本是 V24。它是一个功能强大的文本、HTML、程序源代码编辑器。作为源代码编辑器，它的默认配置可以对 C/C++、VB、HTML、Java 和 Perl 进行语法着色。用它设计 Java 程序时，可以对 Java 的关键词进行识别并着色。它还具有完备的复制、粘贴、剪切、查找、替换、格式控制等编辑功能。可以在 Advanced 菜单的 Tool Configuration 菜单项配置好 Java 的编译器 Javac 和解释器 Java，直接编译运行 Java 程序。

2. EditPlus

EditPlus 是共享软件，它的官方网址是 www.editplus.com，最新版本是 EditPlus 2.12。EditPlus 也是功能很全面的文本、HTML、程序源代码编辑器，默认支持 HTML、CSS、PHP、ASP、Perl、C/C++、Java、JavaScript 和 VBScript 的语法着色。

3. Jcreator

Jcreator 是一个用于 Java 程序设计的集成开发环境，具有编辑、调试、运行 Java 程序的功能，官方网址是 www.jcreator.com。

4. Eclipse

Eclipse 是一个开放可扩展的集成开发环境（IDE）。它不仅可以用于 Java 的开发，通过开发插件，还可以构建其他的开发工具。Eclipse 是开放源代码的项目，并可以免费下载，官方网址是 www.eclipse.org。官方网站提供 Releases、Stable Builds、Integration Builds 和 Nightly Builds 下载，建议使用 Releases 或 Stable Builds 版本。

1.5.5 Eclipse 开发工具

1. 安装 Eclipse 应用程序

目前，编写 Java 程序普遍采用功能强大且免费的开发工具 Eclipse。可从 Eclipse 官方网址下载最新的发布版本（http://www.eclipse.org/downloads/），目前最新的文档版本是 Eclipse 3.4。下载后，直接解压即可使用。解压后，在磁盘上生成一个 eclipse 文件夹，进入该文件夹，双击 eclipse.exe 文件，即可进入开发环境。

2. 用 Eclipse 编辑简单程序并运行

步骤 1：新建 Java 项目。进入 Eclipse 工作主窗口中，选择"文件"→"新建"→"Java 项目"命令，打开"创建 Java 项目"向导，在"项目名"栏中输入项目名"MyProject_01"，其他选项默认，如图 1-14 所示。单击"完成"按钮，项目创建成功，项目 MyProject_01 将出现在左边的 Navigator（导航器）中。

步骤 2：新建 Java 包。在 Navigator 中右击项目 MyProject_01，在弹出的快捷菜单中选择"新建"→"包"命令，打开"新建 Java 包"对话框，如图 1-15 所示。在"名称"栏中输

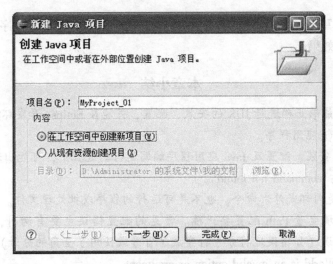

图 1-14 新建 Java 项目

入包名"org.circle",单击"完成"按钮完成包的创建。

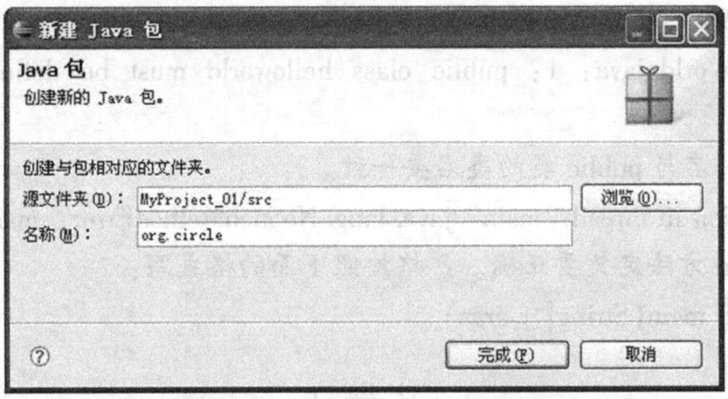

图 1-15 "新建 Java 包"对话框

步骤 3:新建 Java 类。右击项目 MyProject_01 的包 org.circle,在弹出的快捷菜单中选择"新建"→"类"命令,打开"新建 Java 类"对话框,如图 1-16 所示。在"名称"栏中输入类名"Area",单击"完成"按钮完成类的创建。

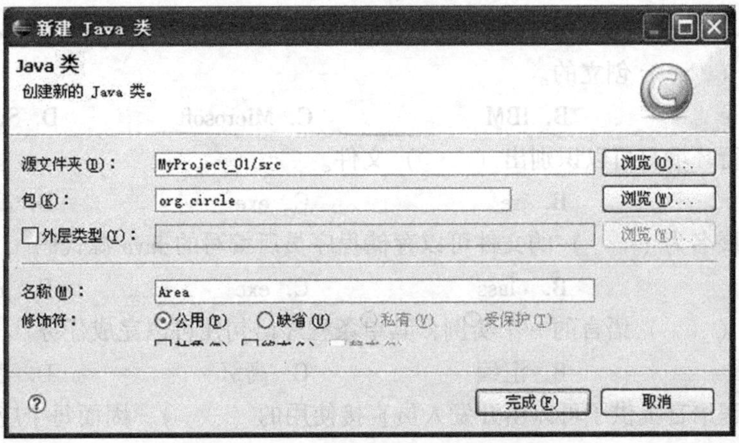

图 1-16 "新建 Java 类"对话框

下面就可以编写 Java 程序了。双击 Area.java 打开文件,输入源程序代码,保存并运行,查看程序运行效果。

本章小结

本章要求读者能够正确进行 JDK 的安装、配置,并能在 Eclipse 开发环境中编写、调试、运行一个简单的 Java 应用程序。

在进行 JDK 的安装、配置及 Java 应用程序编写运行的过程中,可能出现以下异常提示。

错误 1:Javac:command not found

注意 Javac 不是内部或外部命令,也不是可运行的程序或批处理文件。

解决办法:环境变量 Path 配置要正确。常见的配置错误主要有两种,一是路径错误;二是分号分隔符错误(如错误地将分号打字成了冒号或使用了全角的分号)。

错误 2:HelloWorld is an invalid option or argument.

解决办法:Java 源文件一定要保存成.java 格式,而且编译时要写上扩展名。

错误 3:Exception in thread "main" java.lang.NoClassDefFoundError:HelloWorld

解决办法:CLASSPATH 配置要正确。

错误 4:HelloWorld.java:1:public class helloworld must be defined in a file called "HelloWorld.java".

解决办法:文件名与 public 类的类名要一致。

错误 5:Exception in thread "main" java.lang.NoSuchMethodError:main

解决办法:main 方法定义要正确。严格按照下面的格式写:

public static void main(String[] args)

习 题 1

一、选择题

1. Java 是一种( )语言。
   A. 面向对象　　　　B. 面向结构　　　　C. 混合型　　　　D. 以上都不是
2. Java 的源代码文件具有的扩展名是( )。
   A. class　　　　　B. java　　　　　　C. javac　　　　　D. source
3. Java 是( )创立的。
   A. Apple　　　　　B. IBM　　　　　　C. Microsoft　　　 D. Sun Microsystems
4. Java 运行环境只可以识别出( )文件。
   A. java　　　　　　B. jre　　　　　　C. exe　　　　　　D. class
5. 拥有扩展名为( )的文件可以存储程序员所编写的 Java 源代码。
   A. java　　　　　　B. class　　　　　C. exe　　　　　　D. jre
6. Java 是( )语言的一个实例,其单条程序语句便可以完成任务。
   A. 机器　　　　　　B. 汇编　　　　　C. 高级　　　　　　D. 以上都不对
7. Java 编程语言提供了可以由开发人员直接使用的( ),因而每个应用程序不必从头创建,只需导入相应需要的就可以了。

A. 现有库类 B. TCP C. 汇编代码 D. 二级存储器
8. （　　）可将一个 .java 文件转换成一个 .class 文件。
   A. 调试程序 B. 编译程序 C. 转换器程序 D. JRE
9. 在查找到应用程序的一个语法错误以后，编译程序将给用户通告此错误（　　）。
   A. 出现的行号 B. 可用于改正错误的正确代码
   C. 一个简短的描述 D. 选择 A 和 B
10. 语法错误可因多种原因产生，例如（　　）。
    A. 应用程序突然中止 B. 缺少括号
    C. 单词拼写错误 D. 选择 B 和 C
11. 为了编译应用程序，应输入命令（　　）并跟上相应文件的名字。
    A. build B. java C. javac D. create
12. 下列（　　）注释风格在 Java 中是错误的。
    A. /＊＊comment B. /＊comment＊/ C. /＊comment D. //comment
13. JDK 中，用于编译源程序的工具是（　　）。
    A. javac B. java C. javap D. javadoc
14. JDK 安装完成后，其中的工具存放在 JDK 根目录下的（　　）文件夹中。
    A. bin B. jre C. doc D. include
15. 下面对注释的功能描述正确的是（　　）。
    A. 有助于增强应用程序的可读性 B. 位于两个正斜杠之后
    C. 会编译程序忽略 D. 以上答案均正确

二、填空题
1. 每个 Java 应用程序可以包括许多方法，但必须有且只能有一个_____方法。
2. Java 编程的 3 个步骤：_____、_____和_____。
3. 如果一个 Java 应用程序文件中定义有 3 个类，则使用 JDK 编译器编译该源程序文件将产生_____个文件名与类名相同而扩展名为_____的字节码文件。
4. Java 编译器将 Java 源程序编译成_____。

三、简答题
1. 简述 Java 语言的特点。
2. 安装完 JDK 之后，如何设置 Path 环境变量？
3. 简要说明 Java 程序编译和运行的基本原理。

第 2 章 标识符、关键字和数据类型

学习目标

1. 正确命名 Java 标识符（2.1.1）。
2. 灵活选用 Java 各种数据类型，并能够正确定义、表示和使用各种数据类型（2.2）。
3. 掌握数据类型的转换方法及原则（2.3）。
4. 掌握常量与变量的使用方法（2.4）。

2.1 标识符和关键字

每一个程序都是按照一定规则编写而成的，这些规则一般称为程序的语法。只有语法正确了，程序才能通过编译系统的编译，进而也才能被计算机加以执行。符号是构成程序的基本单位。Java 语言使用 Unicode 标准字符集，而不是通常计算机使用的 ASCII 代码集。Unicode 目前普遍采用的是 UCS-2，它用两个字节来编码一个字符，最多可以识别 65535 个字符。Java 所使用的字母不仅包括通常的拉丁字母 a、b、c 等，也包括汉字等许多其他语言中的文字。Unicode 字符集前 128 个字符刚好是 ASCII 表，因此，英文字母、数字和标点符号在 Unicode 和 ASCII 字符集中有相应的值。同时，每个国家的"字母表"的字母都是 Unicode 表中的一个字符，比如汉字中的"你"字就是 Unicode 表中的第 20320 个字符。

Java 的符号包括标识符、关键字、分隔符和运算符等。

2.1.1 标识符

在程序设计语言中的任何有效成分（如常量名、变量名、类名、对象名、方法名、数组名、文件名和接口名等）必须有唯一合法的名称来标识，这类名称就称为标识符。上述这些有效成分必须由用户先命名标识符，才能够使用，也就是遵循"先定义再使用"的原则。简单地说，标识符就是一个名字。

1. 标识符命名规定

1）Java 语言规定标识符只能由字母、数字、下划线以及美元符号（$）组成，并且第一个字符不能是数字。

2）Java 语言严格区分字母大小写，标识符中大写字母和小写字母是有区别的，例如 Boy、BOY、boy 是 3 个不同的标识符。

3）Java 语言对标识符的有效字符个数不做限定，但不宜过长。

4）命名的标识符不允许与关键字相同。例如，class 不能作为标识符，因为 class 是定义"类"的关键字。有关关键字的说明请查看本书"关键字"部分的说明。

5）标识符的命名遵循"见其名知其义"的原则，以提高程序可读性。例如，age、

name 都是较好的标识符。

下列都是合法的标识符：

Police_1 $12girls   _apple_ $ wage   开心辞典   Bμπ

下列是非法的标识符：

happy birthday　　　（含非法字符空格）
book?　　　　　　　（含非法字符?）
lemon#　　　　　　　（含非法字符#）
yes/no　　　　　　　（含非法字符/）
36hours　　　　　　（数字不能作为开头）
true　　　　　　　　（和关键字相同）

2．标识符命名规范

标识符命名时，要遵循 Java 命名规范，以提高程序的可读性。具体来说，有如下一些规范。

1）类的命名：首字母大写，单词与单词之间首字母大写。如 StudentId（学生 ID 号）、MaxValue（最大值）。

2）变量的命名：首字母小写，单词与单词之间首字母大写。如 identityCard、firstName、getName。

3）常量的命名：一个或多个单词组成，所有字母大写。

4）方法的命名：首字母小写，单词与单词之间首字母大写。如 setName( )、getName( )。

为什么要有命名规范？请看下例。

【例 2-1】标识符命名规范示例。

```
public class C2_1{
    public static void main(String[] args){
        int salary = 3200;                    //月薪
        int annualSalary = salary * 12;       //年薪
        System.out.println(annualSalary);
    }
}
```

在这段代码中，看到变量名就基本知道这两个变量的作用了，读起来很方便。

再看下面不规范的代码：

```
public class C2_1{
    public static void main(String[] args){
        int ab = 3200;              //月薪
        int cd = ab * 12;           //年薪
        System.out.println(cd);
    }
}
```

如果没有注释说明，很难猜到定义的两个变量 ab、cd 的作用。代码不仅仅是交给机器编译和运行的,也是让别人和自己读懂和维护的。命名杂乱无章的代码尽管也可以正常运行,但后期自己维护或者交给别人维护,其阅读代码的工作量非常大。因此一定要养成良好的代码书写习惯,从而提高代码的可读性。

2.1.2 关键字

标识符分为用户标识符和关键字(也叫保留字)。用户标识符是由程序员定义并使用的标识符,关键字则是 Java 语言保留的供系统使用的具有特定含义的标识符,一律用小写字母表示。程序员不能使用关键字来定义变量名、类名和方法名等。

例如,不能使用 class 来作为"班级"的变量名,因为它是 Java 中一个关键字。由于 Java 语法是严格区分大小写的,因此可以改用 Class、CLASS 等代替,但是不推荐这种方式。

Java 的关键字有 48 个,可按用途进行划分,见表 2-1。

表 2-1 Java 关键字

用 途	关键字
数据类型	boolean、byte、char、double、false、float、int、long、new、null、short、true、void、instanceof
用于语句	break、case、catch、continue、default、do、else、for、if、return、switch、try、while、finally、throw、this、super
修饰符	abstract、final、native、private、protected、public、static、synchronized、transient、volatile
方法、类、接口、包和异常等	class、extends、implements、interface、package、import、throws

> **注意:**
> 1) true、false 和 null 为小写,而不是像在 C++语言中那样为大写。严格地讲,它们不是关键字,而是文字。然而,这种区别是理论上的。
> 2) 无 sizeof 运算符,因为所有数据类型的长度和表示是固定的,与平台无关,不像在 C 语言中那样数据类型的长度根据不同的平台而变化。这是 Java 语言的一个特点。

在 Eclipse 等编程工具的 IDE 源代码编辑器中输入 Java 保留字,保留字会自动显示成和其他代码的字符不同的颜色,这样可以防止用户错误使用保留字作为用户标识符,所以 Java 保留字无须强行记忆,在学习和使用过程中积累即可。

【例 2-2】关键字使用示例。

```
1    public class C2_2
2    {
3        public static void main(String[] args)
4        {
5            int x =1;
```

```
6        int void = 2;
7        System.out.println(x + void);
8    }
9 }
```

这段代码在编译的时候出现错误，如图 2-1 所示。

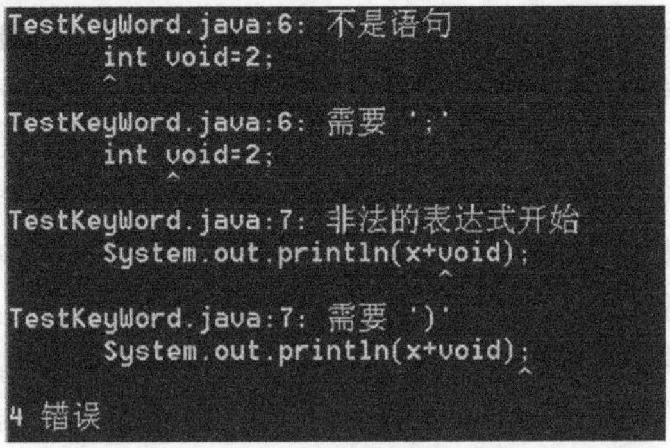

图 2-1　编译错误

错误从第 6 行开始出现。回头看一下前面的 Java 关键字列表。void 属于 Java 的关键字，关键字是不能用来作为类名、变量名或方法名的。错误提示第 6 行不是一个语句，又提示第 7 行为非法的表达式开始。错误的根源在于 Java 虚拟机认为这一行代码有歧义。

2.1.3　分隔符

分隔符用来区分源程序中的基本成分，可使编译器确认代码在何处分割。分隔符有注释符、空白符和普通分隔符 3 种。

1. 注释符

注释是程序员为了提高程序的可读性和可理解性，在源程序的开始或中间对程序的功能、作者、使用方法等所写的注释。注释仅用于阅读源程序，系统编译程序时会忽略其中的所有注释。注释有 3 种类型，见 1.5.2 节。

2. 空白符

空白符在程序中主要起间隔作用，没有其他的意义。空白符包括空格、制表符、回车和换行符等，程序各基本元素间通常用一个或多个空白符进行间隔。

3. 普通分隔符

普通分隔符和空白分隔符作用相同，用来区分程序中的各种基本成分，但它在程序中有确定的含义。在 Java 语言中，主要有以下 6 种普通的分隔符：

1）圆括号。在定义和调用方法时用于容纳参数表，在控制语句或强制类型转换组成的表达式中用于表示执行或计算的优先权。

2）大括号（花括号）。用于包括自动初始化的数组的值，也用于定义程序块、类、方法以及局部范围。

3）中括号（方括号）。用于声明数组的类型，也用于表示撤销对数组值的引用。

4）分号。用于终止一个语句。

5）逗号。在变量声明中，用于分隔变量表中的各个变量；在 for 控制语句中，用于将圆括号内的语句连接起来。

6) 句号（点）。用于将软件包的名字与它的子包或类分隔，也用于将引用变量与变量或方法分隔。

2.2 基本数据类型

在日常生活中，数据的表示与使用很常见。例如，描述一个班级学生的数量是不可能出现小数部分的，而一个学生多门考试的平均成绩很可能带有小数部分；而描述一个人的性格特点则应该是一段文字。又如，甲学生的平均成绩为88分，乙同学的平均成绩为88.35分，谁的平均成绩高？如果两个人的平均成绩都用整数表示的话，结果会怎样呢？由此看来，数据在描述事物时应该能够反映数据的特征。数据类型就是程序语言中为了表示数据的特征所设计的数据表示方法，程序语言中的任何数据都有数据类型。

数据类型在刻画数据时，具有两个作用：第一，不同的数据类型在计算机中占据的存储空间不同，因而也决定了该数据类型的取值范围；第二，不同的数据类型，允许的操作集也不同，因而当定义一种数据类型时，能对其进行的运算操作类型也不同。

Java语言把数据类型分为两类：基本数据类型（也称原始数据类型）和复合数据类型（也称非原始数据类型）。本章将主要介绍Java基本数据类型的用法，关于复合数据类型将在后面相应章节中介绍。

1) 基本数据类型：Java定义了8种基本数据类型，见表2-2。利用基本数据类型可以构造出复杂数据结构来满足Java程序的各种需要。

表2-2 Java基本数据类型

数据类型分类	数据类型	占据存储空间	取值范围
整型	byte（字节型）	8bits（1Byte）	$-128 \sim 127$
	short（短整型）	16bits（2Bytes）	$-32768 \sim 32767$
	int（整型）	32bits（4Bytes）	$-2.1 \times 10^9 \sim 2.1 \times 10^9$
	long（长整型）	64bits（8Bytes）	$-9.2 \times 10^{18} \sim 9.2 \times 10^{18}$
浮点型	float（单精度浮点型）	32bits（4Bytes）	7位有效数字
	double（双精度浮点型）	64bits（8Bytes）	15位有效数字
字符型	char	16bits（2Bytes）	Unicode字符
布尔型	boolean	1bit	true（非0）或false（0）

2) 复合数据类型：Java中复合数据类型包括类、接口、数组以及泛型，将在后面的章节进行介绍。

2.2.1 整型

整型数据简单来说就是整数，按所占存储空间的不同又可分为byte、short、int和long 4种。Java的整数类型不依赖于具体的系统，每种类型在任何一种机器上占用同样的存储空间，比如，int总是32位，long总是64位。它们的取值范围见表2-3。

表 2-3 整型数据取值范围表

类型	类型名称	所占字节数	取值范围
byte	字节型	8bits（1Byte）	$-2^7 \sim 2^7-1$，即 $-128 \sim 127$
short	短整型	16bits（2Bytes）	$-2^{15} \sim 2^{15}-1$，即 $-32768 \sim 32767$
int	整型	32bits（4Bytes）	$-2^{31} \sim 2^{31}-1$，即 $-2.1 \times 10^9 \sim 2.1 \times 10^9$
long	长整型	64bits（8Bytes）	$-2^{63} \sim 2^{63}-1$，即 $-9.2 \times 10^{18} \sim 9.2 \times 10^{18}$

以下关于整数类型的几点重要内容，请读者理解并掌握：

1) 声明整型变量时，要事先估计数据变化的范围，遵循"够用"的原则。声明过长的类型，浪费存储空间；声明过短的类型，则容易在程序运行过程中发生"溢出"现象，导致错误或异常。数据变化范围难以估计时，一般采取"宁长勿短"的原则，尽可能声明更大的数据类型，以保证程序运行的正确性。

int 是最常用的整数类型。但是如果要表达很大的数，比如在地理信息系统中用整数地图上点的坐标，或表示国家财政预算，就需要用到长整型（long）。而短整型（short）和字节型（byte）常常用来处理一些底层的文件操作及网络传输，或者定义大数组。

2) 声明变量时，变量一般自动得到一个默认值（缺省值），整型变量的默认值为0。

1. byte 型

使用关键字 byte 来定义 byte 型整型变量。例如：

```
byte x =118,y = -12;
byte age_01 =20;
```

2. short 型

使用关键字 short 来定义 short 型整型变量。例如：

```
short x =1234,y =12;
short age_01 =32;
```

3. int 型

使用关键字 int 来定义 int 型整型变量。例如：

```
int x;
int age_01;
```

4. long 型

使用关键字 long 来定义 long 型整型变量。例如：

```
long x =1234222333,y =12;
long age_01 =32;
```

提示：程序中出现的整数值，例如上面的 y = 12 中的 12 默认分配 4 个字节的空间进行存储，即其数据类型为 int，但当整数值超出 int 的取值范围时，系统则自动用 8 个字节空间来存储，即其类型为 long。若要系统将数值不大的整数常量也用 long 类型来存储，可以在数值后添加 L（或小写 l）后缀，如 22L。

下面是一个整型变量的声明和赋值语句：

```
byte number;
number = 129;    //number 的值不是129
```

在上面的声明中，由于 number 是 byte 型变量，它表示数据的范围只是 -128~127，所以该赋值操作是不正确的。执行上面的语句以后，number 的取值并不会想预期那样，得到一个 129 的整数值。因为 byte 类型的 number 没有能力容纳 127 以上的整数，这种现象称为"溢出"。要使 number 要能够保存 129 这个整数，必须把 number 声明为 short 类型或表示范围更大的整数类型。

【例 2-3】数据溢出示例。

```
public class C2_3{
    public static void main(String[] args){
        byte a = 20;
        short b = 20000;
        short c = 200000;
        System.out.println("清华大学的院系数量:" +a);
        System.out.println("清华大学的在校生人数:" +b);
        System.out.println("海淀区高校在校生总人数:" +c);
    }
}
```

【例 2-4】常量的不同进制表示示例。

```
public class C2_4{
    public static void main(String[] args){
        byte a = 10;         //十进制
        short b = 010;       //八进制
        int c = 0x10;        //十六进制
        System.out.println("a 的值:" +a);
        System.out.println("b 的值:" +b);
        System.out.println("c 的值:" +c);
    }
}
```

2.2.2 浮点型

浮点数可以看成数学上的实数。根据浮点型数据存储空间长度的不同，可分为单精度浮点型（float）和双精度浮点型（double），其取值范围见表 2-4。

表 2-4 浮点型数据的取值范围

类型	类型名称	所占字节符	取值范围
float	单精度浮点型	32bits（4Bytes）	表示 7~8 位有效数字 （之后变为科学技术法表示）
double	双精度浮点型	64bits（8Bytes）	表示 15~16 位有效数字 （之后变为科学技术法表示）

可以看到，双精度浮点型的存储空间是单精度浮点型的 2 倍。

1）单精度型在一些处理器上比双精度型更快而且只占用双精度型一半的空间。但是当值很大或很小的时候，它将变得不精确。因此，对于需要小数部分并且对精度要求不高的情况下，可以考虑用单精度型。

2）双精度型占用 64 位的存储空间。在一些被优化的用来进行高速数学计算的处理器上，双精度型实际上比单精度型更快。所有超出人类经验的数学函数，如 sin( )、cos( ) 和 sqrt( ) 均返回双精度的值。因此，对数据精度要求非常高的时候，双精度型是很好的选择。

3）浮点型变量的声明和整型变量的声明方法是一致的。例如：

```
float fpoint;
double length,width;
```

值得注意的是：

1）浮点数在计算机中的表达是有误差的，运算结果也是有误差的，不过这种误差一般是在允许范围内的。如果计算机要求的精度很高，那就必须考虑到误差问题。

2）浮点文字除非明确声明为单精度型，否则默认为双精度型。

【例 2-5】单精度浮点型的使用示例。

```
public class C2_5{
    public static void main(String[ ] args){
        float pi = 3.1415f;
        float r =6.5f;
        float v = 2*pi*r;
        System.out.println("该圆周长为:"+v);
    }
}
```

【例 2-6】双精度浮点型的使用示例。

```
public class C2_6{
    public static void main(String[ ] args){
        double pi = 3.14159265358;
        double r =6.5;
        double v = 2*pi*r;
        System.out.println("该圆周长为:"+v);
    }
}
```

2.2.3 字符型

Java 使用单引号来标记字符常量，如 'A' 'r' 就是普通的字符常量。字符类型在 Java 中使用两个字节的存储空间，采用 Unicode 字符编码，而不采用广泛使用的 ASCII 编码。Unicode 编码使用两个字节的存储空间，ASCII 编码只使用 1 个字节的存储空间。使用 ASCII 字符，一个英文字母只需要 1 个字节，而一个汉字需要两个字节的存储空间；Unicode 字符对世界上所以书写文字的字符统一使用两个字节的存储空间，这方便了不同语种的混排和检索。

字符可分为普通字符和特殊字符。控制字符就是一种特殊字符，是指回车、换行、指标等起控制作用的字符，由于其并无书写形式，要借用转义字符来表达，见2.4.1节。

字符型的表示形式如下：'A''a''\n''\\'等。

注意：
1) 字符型数据'A'与'a'是不同的。
2) 尽管char不是整数，但在许多情况中可以把它们当作整数进行操作运算，如可以将两个字符相加，或对一个字符变量进行增量操作。

由于一个字符对应一个Unicode编码，所有字符都可以采用统一的书写方式来表示：\u+字符编码。字符编码是从00 00到FF FF的十六进制编码，如\u0061表示字符'a'。

字符变量的声明如下：

```
char ca;
ca = 'a';
ca = \u0061;
```

上述两个赋值操作语句是等价的，结果都是将字符'a'的值赋给变量ca。

2.2.4 布尔型

布尔型数据用于逻辑条件判断，它的取值范围见表2-5。

表2-5 布尔型数据的取值范围

类　型	类型名称	所占字节数	取值范围
boolean	布尔型	8bits（1Byte）	true 或 false

布尔型数据取值范围只有true（真）或false（假）。例如，判断一门考试是否通过，只有及格和不及格两种情况；已知x=10，y=20，那么x<y是对还是错。这样的问题都可以用布尔型数据来解决。

以下是一个有关boolean类型变量的声明和初始化：

```
Boolean truth = true;
```

注意：布尔型数据不能与任何其他基本类型进行转换，数值型变量也不能被当作布尔型变量使用。这一点和C语言完全不同。

2.3 基本数据类型的转换

试想一下，如果将1L水倒入到5L的容器里是没问题的，反之水会从容器中溢出。同样，把int型的值赋给long型的变量是可行的，反过来则可能导致数据溢出。因此，不是所有类型都是兼容的。类型转换不是都可以由Java虚拟机实现的，例如，没有将double型转换为byte型的定义。要获得不兼容的类型之间的转换必须使用"强制类型转换"。

2.3.1 自动类型转换

如果能两种数据类型能同时满足以下两个条件：①两种类型兼容；②目标类型大于源类

型(数据的取值范围),那么将一种类型的数据赋给另一种类型变量时,可以执行自动类型转换,也称为隐式转换。例如,下面的语句把 int 型数据赋值给 long 型数据,在编译时不会发生任何错误:

```
int i = 10;
long j = i;
```

对于自动转换,数字类型和字符类型(char)或布尔类型(boolean)是不兼容的,字符类型(char)和布尔类型(boolean)也是互相不兼容的。

整型、浮点型、字符型数据可以混合运算。在执行运算时,不同类的数据先转化为同一类型,然后进行运算,转换从低级到高级。通常,表达式中最大的数据类型是决定了表达式最终结果大小的那个类型。例如,若将一个 float 型数值与一个 double 型数值相乘,结果就是 double 型;如将一个 int 型数值和一个 long 型数值相加,则结果为 long 型。转换从低级到高级的顺序如下:

$$\text{short 或 byte} \rightarrow \text{int} \rightarrow \text{long} \rightarrow \text{float} \rightarrow \text{double}$$
$$\uparrow$$
$$\text{char}$$

假若对主数据类型执行任何算术运算或按位运算,比 int 型级别低的数据(char、byte 或 short)在正式执行运算之前会自动转换成 int 型,这样一来,最终生成的值就是 int 型。

经过前面的学习,赋值这个词并不陌生了,但下面示例是将 int 型变量的值赋给一个 long 型变量,显然这两个数据类型是不相同的,但 long 型的取值范围要大于 int 型。

【例 2-7】 自动类型转换示例。

```java
public class C2_7{
    public static void main(String[] args){
        long x = 10000L;
        int y = 10;
        x = y;
        System.out.println(x);
    }
}
```

从上述代码中可以看到,变量 x 为 long 型,y 为 int 型。在第 5 行的赋值语句中将 int 型 y 的值赋给了 long 型的 x。这段代码可以通过编译,实际上就应用到了 Java 语言中的自动类型转换。

2.3.2 强制类型转换

如前所述,只要满足两种类型兼容并且目标类型(被赋值的)级别高于源类型就可以自动类型转换。但如果类型不兼容或者目标类型的级别低于源类型,显然 Java 不会为这种赋值执行自动类型转换。要实现这个功能,则必须通过额外的代码,即通过强制类型转换来完成。

所谓强制类型转换就是一种显式的类型变换,其通用格式为"(目标类型)值",例如:

```
int x =(int)256.587;
long y =(long)5.39f;
```

经过强制类型转换,将得到一个在"()"中声明的数据类型的数据,该数据是从指定变量所包含的数据转换而来的。值得注意的是,指定变量本身不会发生任何变化。上面的例子中 x、y 的值将是 256 和 5。注意强制转换可能导致精度的损失。

【例 2-8】 强制类型转换示例。

```
public class C2_8{
    public static void main(String[] args){
        long lvar =9223372036L;
        int ivar =2147483647;
        float fvar =10.9999F;
        double dvar =10.333333333333333333333333;
        ivar =(int)lvar;
        fvar =(float)dvar;
        System.out.println(ivar);
        System.out.println(fvar);
    }
}
```

程序运行结果如下:

```
633437444
10.333333
```

2.4 常量与变量

2.4.1 常量

Java 程序中使用的直接量称为常量,它是用户定义的在程序中"不允许变化"的量,即这个量在程序执行过程中都不会改变,也称最终量,用 final 标识。例如:

```
final double PI =3.141592;
```

1. 整型常量

Java 支持 3 种形式的整型常量的记法,分别是十进制、八进制和十六进制。

1) 十进制数记法就是日常生活中用的整数的写法,如 365、0、-29456。

2) 八进制数记法是在数的前面加上"0",如 023、057。八进制数转化为十进制数的算法是:从个位开始,每位数乘以 8 的 n 次幂 (n=0,1,…)。

3) 十六进制数记法是在数的前面加上"0x"或者"0X",如 0x97、0X3af。

2. 布尔常量

布尔类型的取值范围就是 true 或 false 两个值,因而其常量值只能是 true 或 false。Java 语言还规定布尔表达式的值为 0 可以代表 false,而 1 或其他非 0 值则表示 true。

3. 浮点常量

浮点数即通常所说的实数,它包含有小数点。浮点类型的表示形式如下:

1) 直接写法。例如，32.5、63.12、12345.23456。

2) 带后缀写法。例如，-5782.1723f、364.133d。这种写法规定了浮点常数究竟是单精度数还是双精度数。其中 f、d 也可写作 F、D，如 126.16536D、1234.32F。

3) 科学技术法。例如，125000 可写作 1.25e5，0.0125 可以记作 1.25E-2。为表示它们属于单精度数还是双精度数，还可以在后面加后缀，写成 1.25e5f 的形式。但要注意 e (E) 后面的数字只能是整数，不能再为小数。

4. 字符常量

字符常量是指用一对单引号括起来的字符，如 'A' 'a' '1' 和 '*' 等。事实上，所有的可见 ASCII 码字符都可以用单引号括起来作为字符常量。此外，Java 语言还规定了一些转义字符，这些转义字符以反斜杠开头，将其后的字符转变为另外的含义，见表 2-6。

需要注意的是，反斜杠后的数字表示 Unicode 字符集的字符，而不是 ASCII 码字符集。

表 2-6 Java 转义字符

转义字符	描述
\××	1~3 位八进制数所表示的字符
\u×××	1~4 位十六进制数所表示的字符
\'	单引号字符
\"	双引号字符
\r	回车
\\	反斜杠
\n	换行
\b	退格
\f	换页
\t	跳格

5. 字符串常量

Java 的字符串常量是用双引号("")括起来的一系列字符，如 "This is a string.\n"。当字符串只包含一个字符时，不要把它和字符常量混淆，如 "A" 是字符串常量。同时，Java 中的字符串常量是作为 String 类的一个对象来处理，而不是一个简单的数据。

字符串常量中可包含转义字符，例如，"Hello\n world" 在中间加了一个换行符，输出时，这两个单词将显示在两行上。

2.4.2 变量

变量是用来存储数据的基本单元。变量由一个标识符表示：变量名就是标识符本身，变量值就是这个标识符表示的值。每个变量都属于一定的数据类型，数据类型规定了变量的取值范围和变量能参与的运算。

程序要完成一定的功能，一般都需要使用变量来保存运算过程中产生的各种数据。变量必须在使用前声明，Java 语言不允许使用没有声明的变量。由于变量的基本特征包括变量名、类型、作用域等，声明一个变量时，至少要指出变量名和数据类型。

变量按作用域可分为如下几类。

1）局部变量：在方法或方法的代码块中声明，作用域从该变量的定义位置起到它所在的代码块结束。

2）方法参数（形式参数）：传递给方法的参数，作用域是这个方法。

3）异常处理参数：传递给异常处理代码，作用域是异常处理部分。

4）类（成员）变量：在类定义中声明，作用域是整个类。在一个确定的域中，变量名应是唯一的。通常，一个域用大括号 {} 来划定。

最简单变量的声明格式如下：

数据类型名 用户标识符

其中，数据类型名是 Java 中任意的基本数据类型和用户自定义数据类型。如语句"int weeks;"就声明了一个名为 weeks 的整型变量。

要定义多个变量，用以下方法：

```
int weeks;
int days;
double wage;
double workTime;
```

相同类型的变量，可以写在同一个语句中，各变量之间用逗号（,）来隔开。上面的 4 条声明语句可以写成：

```
int weeks, days;
double wage, workTime;
```

使用一个变量时，应该赋予变量一个值。变量的赋值可以在程序中进行，也可以在声明变量时进行，称为变量的初始化。

声明并初始化变量：

```
int weeks = 52, days = 7;
double wage = 12, workTime;
```

运算时赋值：

```
wage = 12 * 0.95;
workTime = week * days;
```

这样 wage 的值为 11.4，workTime 的值为 $52 \times 7 = 364$。

使用变量时，一般要注意以下几点：

1）不得使用没有事先声明的变量，否则会导致程序编译错误。

2）不得重复定义变量。

3）保留字不能作为变量名。

4）变量名要规范。使用有意义的单词或单词组合来表示变量，做到"见其名知其义"。例如，使用 cardNumber 表示"卡号"，pagePerMinute 表示"分每页"。不推荐大量使用 a、b、c 等来声明变量，因为这样将会使所编写的程序难以阅读和修改。

本章小结

本章重点介绍 Java 程序的基本概念和语法，主要包括标识符、数据类型、常量、变量等。这部分内容不仅是学习 Java 语言程序设计的基础，也是学习其他程序设计语言的基础。

习题 2

一、选择题

1. 下列正确的标识符是（   ）。
   A. 12 ab　　　　　B. float　　　　　C. aw～1e　　　　　D. b6ty
2. 下列是反斜杠字符的正确表示的是（   ）。
   A. \\　　　　　　B. *\\　　　　　　C. \　　　　　　　D. \'\'
3. 以下字符常量中不合法的是（   ）。
   A. '#'　　　　　　B. '&'　　　　　　C. "A"　　　　　　D. '数'
4. 双精度浮点数占（   ）个字节的存储空间。
   A. 1　　　　　　　B. 2　　　　　　　C. 4　　　　　　　D. 8
5. 下列变量定义中，不正确的是（   ）。
   A. byte a；c；
   B. float a = 23.0d，b = 4.23f；
   C. char c1 = 't'，c2 = '\'；
   D. int i，j = 3，k = 7；
6. 下列关于数据类型转换的描述中，错误的是（   ）。
   A. 当两个数据的类型不统一时，必须先进行数据类型的转换，再运算或赋值
   B. byte 类型数据可以转换为 short、int、long 类型数据
   C. long 类型数据有可能转换为 byte、short、int 类型数据
   D. 在语句"int i =（int）78.67；"中，变量 i 的值为 79
7. 下列不是 Java 关键字的是（   ）。
   A. integer　　　　B. double　　　　C. float　　　　　D. char
8. 下列能正确表示 Java 语言中的一个整型常量的是（   ）。
   A. 35. d　　　　　B. -20　　　　　C. 1,234　　　　　D. "123"
9. 下列各数据中是 float 型的是（   ）。
   A. 33.8　　　　　B. 129　　　　　C. 89L　　　　　　D. 8.6F
10. 以下变量定义中，合法的语句是（   ）。
    A. float 1_variable = 3.4；
    B. int abc_ = 21；
    C. double a = 1 + 4e2.5；
    D. short do = 15；
11. 下列为合法标识符的是（   ）。
    A. 12class　　　　B. +void　　　　C. -5　　　　　　D. _black
12. 下列不是 Java 语言中保留字的是（   ）。
    A. if　　　　　　B. sizeof　　　　C. private　　　　D. null
13. 在编写 Java 程序时，如果不为变量定义初始值，Java 会给它一个默认值，下列说法不正确的是（   ）。
    A. byte 型的默认值是 0　　　　　　B. int 型的默认值是 0

C. long 型的默认值是 0.01　　　　　D. float 型的默认值是 0.0f

14. 下列对整型常量定义的解释中，正确的是（　　）。

　　A. 034 代表八进制的数 1C　　　　B. 034 代表八进制的数 34

　　C. 034 代表十六进制的数 28　　　D. 34L 代表 34 的 64 位长整数

15. Java 的字符类型采用的是 Unicode 编码方案，每个 Unicode 码占用（　　）位。

　　A. 8　　　　　B. 16　　　　　C. 32　　　　　D. 64

二、填空题

1. 整型常量的 4 种类型分别为 byte、_____、_____ 和 _____。

2. 字符数据类型占用的存储空间为 _____ 个字节。

3. 控制字符 '/n' 表示 _____。

4. 布尔型数据取值范围只有 _____ 或 _____。

5. 字符 '7' 用八进制表示为 _____，用十六进制表示为 _____。

三、简答题

1. 标识符和关键字有什么区别？

2. 常量和变量有什么重要区别？

四、编程题

1. 编写应用程序，用不同的数据类型或不同的进制定义 5 个 byte 型整数，并用一个输出语句分 5 行输出。

2. 编写应用程序，定义一个十进制整数，并输出它的二进制、八进制、十六进制表示。

第3章 运算符、表达式和语句

学习目标

1. 正确使用 Java 运算符（3.1）。
2. 理解 Java 运算符的优先级（3.2）。
3. 了解 Java 语句的结构特点（3.3）。
4. 掌握分支语句（3.4）、循环语句（3.5）和跳转语句（3.6）的使用方法。
5. 了解断言的概念及使用方法（3.7）。

3.1 运算符

运算符又称为操作符，它是对数据进行运算的符号，参与运算的数据称为操作数或运算对象。按照运算符要求操作数个数的多少，可以把 Java 运算符分为一元运算符、二元运算符以及三元运算符 3 类；根据运算符的功能又可分为赋值运算符、算术运算符、关系运算符、逻辑运算符、位运算符以及条件运算符等。

3.1.1 赋值运算符

赋值是用等号运算符（=）进行的。赋值运算符的作用是等号右边的值（常量、变量均可）赋给等号左边的变量。右边的值可以是任何常数、变量或者表达式，左边必须是一个明确的、已命名的变量。例如，把 19 赋值给变量 b，写作 b = 19。

> **注意**：赋值运算是从右往左进行的。左边的操作数必须是变量；右边的操作数是常量或变量都可以，但是类型要和左边的一致或者兼容。如果赋值运算右操作数的类型和左边的变量类型不相同，则右操作数自动转换为左操作数的类型再进行赋值。若不能进行自动转换，需要把右边的数据类型强制转换为左边的类型。

赋值运算还可以连续进行，例如：

a = 2；
b = 2；
c = 2；

可以写为：

a = b = c = 2；

复合赋值运算符见表 3-1。

表 3-1 复合赋值运算符

复合赋值运算符	名称	示例	功能
+=	加赋值	a+=5	a=a+5
-=	减赋值	a-=5	a=a-5
*=	乘赋值	a*=5	a=a*5
/=	除赋值	a/=5	a=a/5
%=	取余赋值	a%=5	a=a%5
<<	左移操作	a<<b	a=a<<b
>>	右移操作	a>>b	a=a>>b
&=	赋值与运算	a&=b	a=a&b
|=	赋值或运算	a|=b	a=a|b

3.1.2 算术运算符

算术运算符作用于整型或浮点型数据,根据所需操作数个数的不同,分为单目运算符和双目运算符,见表 3-2。

表 3-2 算术运算符

类型	符号	名称	作用	示例	运算结果	结果类型
双目运算符	+	加法运算符	进行加法运算	10+7.5	17.5	double
	-	减法运算符	进行减法运算	10-7.5F	2.6F	float
	*	乘法运算符	进行乘法运算	3*7	21	int
	/	除法运算符	进行除法运算	21/3L	7L	long
	%	取余运算符	进行取余运算	10%3	1	int
单目运算符	++	自增运算符	将某个数+1,如 a++ 或 ++a,++写在左边是先自加再赋值,写在右边是先赋值再自加	x++		
	--	自减运算符	将某个数-1,如 a-- 或 --a,--写在左边是先自减再赋值,写在右边是先赋值再自减	y--		

对表 3-2 说明如下:

1)当整型数据与浮点型数据之间进行算术运算时,Java 会自动完成数据类型的转换,并且计算结果为浮点型。

2 在对浮点型数据或变量进行算术运算时,计算机的计算结果可能会在小数点后包含 n 位小数,这些小数在有些时候并不是精确的,计算机的计算结果会与数学运算的结果存在一定的误差,只能是尽量接近数学运算中的结果。

3)除法运算:在整型数据和变量之间进行除法运算时,无论能否整除,运算结果都将是一个整数,而且这个整数不是通过四舍五入得到的,而是简单地去掉小数部分。例如,通过下面的代码分别计算 10 除以 3 和 5 除以 2,最终输出的运算结果依次为 3 和 2。

```
System.out.println(10/3);    //输出运算结果为3
System.out.println(5/2);     //输出运算结果为2
```

当操作元有浮点数时,其结果也为浮点数。例如 3/2.0,结果为 1.5。

4)取余运算。在整型数据和变量之间进行求余(%)运算时,运算结果是数学运算中的余数。例如,通过下面的代码分别计算 10%3、10%5 和 10%7,最终输出的运算结果依次为 1、0 和 3。

```
System.out.println(10/3);    //输出运算结果为1
System.out.println(10/5);    //输出运算结果为0
System.out.println(10/7);    //输出运算结果为3
```

5)自增、自减运算。举例说明如下:

```
int x=1,i,j;
i = x ++;           ①
j = ++x;            ②
```

式①先将 x 的值赋给 i,i 的值为 1,x 的值自增 1,变为 2。
式②先将 x 的值自增 1,变为 3,再将 x 的值赋值给 j,即 j 的值变为 3。

6)关于 0 的问题。与数学运算一样,0 可以做被除数,但是不可以做除数。当 0 做被除数时,无论是除法运算还是求余运算,运算结果都为 0。

例如,通过下面的代码分别计算 0 除以 6 和 0 除以 6 求余数,最终输出的运算结果均为 0。

```
System.out.println(0/6);    //输出运算结果为0
System.out.println(0%6);    //输出运算结果为0
```

> **注意**:如果 0 作为除数,虽然可以编译成功,但是在运行时会抛出 java.lang.ArithmeticException 异常,即算术运算异常。

如果被除数为浮点型数据或变量,无论是除法运算还是求余运算,0 都可以做除数。如果是除法运算,当被除数是正数时,运算结果为 Infinity,表示无穷大;当被除数是负数时,运算结果为-Infinity,表示无穷小。如果是求余运算,运算结果为 NaN,表示非数字。例如,下面的代码:

```
System.out.println(7.5/0);    //输出的运算结果为 Infinity
System.out.println(-7.5/0);   //输出的运算结果为 -Infinity
System.out.println(7.5%0);    //输出的运算结果为 NaN
System.out.println(-7.5%0);   //输出的运算结果为 NaN
```

【例 3-1】算术运算的使用示例。

```java
public class C3_1{
    public static void main(String[] args){
        int a = 5 + 4;
        int b = a * 2;
        int c = b/4;
        int d = b - c;
        int e = 11;
        int f = e%4;
        double g = 18.4;
        double h = g%4/3;
        int i = 3;
        int j = i++, k = ++i;
        System.out.println("a = " + a); System.out.println("b = " + b);
        System.out.println("c = " + c); System.out.println("d = " + d);
        System.out.println("e = " + e); System.out.println("f = " + f);
        System.out.println("g = " + g); System.out.println("h = " + h);
        System.out.println("i = " + i); System.out.println("j = " + j);
        System.out.println("k = " + k);
    }
}
```

> 注意：
> 1）保存的文件名必须与 public class 后面的类名一致。
> 2）保存类型必须改成 .java 类型，如果是默认的 .txt 类型，则出错。
> 3）如果把一个整数除以 0 或对 0 取余，程序就会在运行时抛出 ArithmeticException 运行错误。

3.1.3 关系运算符

关系运算符用于比较大小，运算结果为 boolean 型，当关系表达式成立时，运算结果为 true，否则运算结果为 false。Java 关系运算符有 6 个，其详细使用说明见表 3-3。

表 3-3 关系运算符

运算符	功能	举例	结果	可运算数据类型
>	大于	'a' > 'b'	false	整数、浮点数、字符
<	小于	2 < 3.0	true	整数、浮点数、字符
==	等于	'X' == 88	true	所有数据类型
!=	不等于	true != true	false	所有数据类型
>=	大于或等于	6.6 >= 8.8	false	整数、浮点数、字符
<=	小于或等于	'M' <= 88	true	整数、浮点数、字符

> 注意：要注意关系运算符"=="和赋值运算符"="的区别。

3.1.4 逻辑运算符

逻辑运算符用于对 boolean 型数据进行运算，运算结果仍为 boolean 型。Java 中常用的逻辑运算符共有 6 个，其类别和作用见表 3-4。

表 3-4 逻辑运算符

符 号	名 称	示 例	作 用
&	逻辑与	x&y	x、y 都为真，结果为真
|	逻辑或	x|y	x、y 有一个真则结果为真
!	逻辑非	!x	将结果取反
&&	短路与	x&&y	x 为假，则结果为假（y 的值不参与运算）；x、y 都真，则结果为真
||	短路或	x||y	x 为真，则结果为真（y 的值不参与运算）；x、y 有一个真，则结果为真
^	异或	x^y	x、y 不同值，其结果为真

逻辑运算符的运算结果见表 3-5。

表 3-5 逻辑运算符的运算结果

a	b	!a	a&b	a|b	a&&b	a||b
true	true	false	true	true	true	true
true	false	false	false	true	false	true
false	true	true	false	true	false	true
false	false	true	false	false	false	false

下面详细说明逻辑运算符的用法：

1)"&&"和"&"均为"与"操作符，操作元只能是布尔表达式。布尔表达式是指运算结果为 boolean 型的表达式。例如：

```
c = a & b;
boolean c3 = a &&b;
```

2)"||"和"|"均为"或"操作符，操作元也只能是布尔表达式。

3)"!"操作符的操作元也必须是布尔表达式。当"||"的值为 true 时，运算的结果为 false；当布尔表达式的值为 false 时，运算结果为 true。

4)"&&"和"||"是短路操作符，"&"和"|"是非短路操作符，它们的区别是：对于短路操作符，如果能根据操作符左边的布尔表达式就能推算出整个表达式的值，将不执行操作符右边的布尔表达式；对于非短路操作符，始终会执行操作符两边的布尔表达式。

5) 对于"&&"操作符，当左边的布尔表达式的值为 false 时，整个表达式的值肯定为 false，此时会忽略执行右边的布尔表达式。

【例 3-2】逻辑运算符使用示例。

```
public class C3_2{
    public static void main(String[] args){
        boolean a,b,c;
        a = true;
        b = false;
```

```
        c = a& b;
        System.out.println(c);
        boolean c1 = a|b;
        System.out.println(c1);
        boolean c2 = !a;
        System.out.println(c2);
        boolean c3 = a && b;
        System.out.println(c3);
        boolean c4 = a||b;
        System.out.println(c4);
    }
}
```

程序运行结果如下：

```
false
true
false
false
true
```

3.1.5 位运算符

位运算时定义在二进制位上的运算，分为按位与、按位或、按位异或、按位取反以及循环移位运算。由于位运算是在"位"的层次上进行的，理解按位运算的时候，先要把操作数转化为二进制的形式。

下面先介绍一下与（AND）、或（OR）、异或（XOR）和取反（NOT）这些基本的二进制运算。

（1）与运算（AND）　　1 AND 1 等于 1，1 AND 0 等于 0，0 AND 1 等于 0，0 AND 0 等于 0。参与运算的两个操作数都是 1 的时候，与运算的结果才是 1，否则结果为 0。

（2）或运算（OR）　　1 OR 1 等于 1，1 OR 0 等于 1，0 OR 1 等于 1，0 OR 0 等于 0。参加或运算的两个操作数都是 0 的时候，运算结果才为 0，否则结果为 1。

（3）异或运算（XOR）　　1 XOR 1 等于 0，0 XOR 0 等于 0，1 XOR 0 等于 1，0 XOR 1 等于 1。如果参加异或运算的两个操作数的值相同，则异或结果为 0；若两操作数不同，则异或的结果为 1。

（4）取反运算（NOT）　　取反运算是单目运算，只需要一个操作数。取反比较简单，把操作数的值变成相反的值即可，例如，NOT 1 等于 0，NOT 0 等于 1。

位运算就是把二进制运算扩展到两个操作数的每一位上进行就可以了。

（5）按位取反（~）　　即把操作数的每一位都取反。例如，~28 == ~0001 1100 == 1110 0011。

（6）按位与（&）　　15&100 == 0000 1111&0110 0100 == 0000 0100 == 4。

```
  0000 1111
& 0110 0100
  0000 0100
```

从上面的运算可以看到，和 0000 1111 进行按位与（&）运算后，0110 0100 的高四位被"强行"置为 0，低四位不变，"屏蔽"了高四位。数 A 和数 B 进行按位与运算，在结果中想保留数 B 的哪一位，就把数 A 的对应位置的值置为 1；想屏蔽数 B 的哪一位，就把数 A 的对应位置的值置为 0。按位与运算起到了"清 0"的作用。如 A&1010 1010，在运算结果中，A 的偶数为被保留了，奇数位被屏蔽了。特别地，A&0000 0000 = 0000 0000，A&1111 1111 = A。

方便起见，这里所举位运算的例子都是八位数的，更多位的运算，原理上和八位一致。

（7）按位或（|）　　3|4 = 0000 0011 | 0000 0100 = = 0000 0111 = = 7。

```
  0000 0011
| 0000 0100
  0000 0111
```

和与运算相对应，和 0000 0011 进行按位或运算后，0000 0100 的高六位值被保留，低两位值被"强行"置为 1，即按位或运算起了"置 1"的作用。想要把数 A 的哪一位置为 1，只要将数 A 和该位为 1 的数进行按位或运算即可。特别地，A | 0000 0000 = A，A | 1111 1111 = 1111 1111。

（8）按位异或（^）　　15^36 = = 0000 1111^0010 0100 = = 0010 1011。

```
  0000 1111
^ 0010 0100
  0010 1011
```

按位异或又一个重要的性质：A^A = 0000 0000。想要测试数 A 和数 B 是否相等，可以看它们按位异或的结果为 0 是否成立，成立则相等。

观察下列算式：

```
  0000 0000
^ 0010 0100
  0010 0100
```

可知：A^0000 0000 = = A。

```
  1111 1111
^ 0010 0100
  1101 1011
```

又知：A^1111 1111 = = ~A。

> **注意**：整数在计算机中一般采用补码来表示。如果二进制数的最高位是 0，则这个数是正数，如 0000 1000 = = 8。如果最高位为 1，则这个数是负数，如 1111 0101 表示的整数小于 0，它的值是这样求的：先按位取反得 0000 1010，结果加 1 得 0000 1011，最后在前面加一个负号得 − 0000 1011 = = − 11。上述的整数编码的方式称为补码编码。

正整数化为补码表示非常简单，就是直接把这个整数化为二进制形式即可。负整数化为补码则比较麻烦，将该数的绝对值化为二进制后，也要经过按位取反加 1，才得到该数的补码。如 − 124 的补码表示的求解步骤如下：

1）求 124 的二进制表示：0111 1100。
2）按位取反：1000 0011。

3）加1：1000 0100。

（9）移位运算

1）左移操作（＜＜）。作用是将整个二进制数字串向左移动若干位，高位舍弃，低位补0。例如：

$\overline{0000\ 0100}$ 左移3位 → $\overline{000}\,0010\ 0000$

上面的算式表示：0000 0100 ＜＜ 3 ＝＝0010 0000。结果的左侧黑色斜体的三位被舍弃，低位补0。如果舍弃的位中不含1，根据二进制数的性质可知，没向左移一位，就相当于将操作数乘以2。由于移位操作比乘法操作的运算速度快得多，所以移位运算也常用来计算乘法算式的值，提高程序运行效率。

当然，如果被舍弃的高位中含有1，就不能简单地认为是移一位就等于操作数乘以2了。

2）右移操作（＞＞）。作用是将整个二进制数字串向右移动若干位，低位舍弃，高位则填充原最高位的值。例如：

1000 0100 ＞＞2＝＝1110 0001

高位填充原最高位的值，保证了向右移位以后，整数的符号不变。原来是正整数的，移位一般还是整数，原位负数的，移位后也为负数。同理，把操作数往右移动一位，就相当于将该整数除2，而不管被移的位有无1。用右移进行除2比除法运算要快得多。

还有一种特殊的右移运算（＞＞＞），作用也是向右移动若干位，低位舍弃，高位补上0。例如：

1000 0100 ＞＞＞2＝＝0010 0001
1111 0000 ＞＞＞2＝＝0011 1100

可见，当最高位为0时，＞＞＞和＞＞是等价的；而最高位为1时，＞＞＞和＞＞的作用就不同了。＞＞＞运算总是会把整数变成正整数。

3.1.6 条件运算符

条件运算符是一个三目运算符，它的符号是"?:"，需要连接3个操作元，用法如下：

```
op1? op2:op3
```

要求第一个操作元op1的值必须是boolean型数据。运算规则是：当op1的值是true时，op1？op2：op3运算的结果是op2的值；当op1的值是false时，op1？op2：op3运算的结果是op3的值。例如，5＜8？1：2的结果是1，5＞8？1：2的结果是2。

3.2 表达式与优先级

3.2.1 表达式

由操作数和运算符连接而成的有效的式子称为表达式。将表达式后面加上一个分号"；"就构成了语句。表达式既可单独组成语句，也可出现在条件测试，方法参数等场合。其按照各个运算符的优先级从左到右运行。

例如，"y＝x＊2＋1"就是一个表达式。

3.2.2 优先级

Java 运算符优先级的顺序见表 3-6，由 1 到 15 优先级依次降低。

Java 中除赋值运算符的结合性为"先右后左"外，其他所有运算符的结合性都是"先左后右"。对于处在同一层级的运算符，则按照它们的结合性，即"先左后右"还是"先右后左"的顺序来执行。

表 3-6 Java 运算符优先级

优先级	运算符	名　称
1	( )	括号
2	[ ]、.	后缀运算符
3	-（一元运算符，取负数）、!、~、++	单目运算符
4	*、/、%	乘、除、取模
5	+、-	加、减
6	>>、<<、>>>	移位运算符
7	>、<、>=、<=、instanceof	关系运算符
8	==、!=	等于、不等于
9	&	按位与
10	^	按位异或
11	|	按位或
12	&&	逻辑与
13	||	逻辑或
14	?:	条件运算符
15	=（包括各与"="结合的运算符，如 +=）	赋值运输符

3.3 语句及程序结构

Java 语句是 Java 标识符的集合，由关键字、常量、变量和表达式构成，最后面加上";"。Java 语句分为说明性语句和操作性语句。

1. 说明性语句

说明性语句用来说明包和类的引入、类的声明、变量的声明。例如：

```
import java.applet.Applet;    //包引入语句
public class GetSquare extends Applet;    //声明类语句
```

2. 操作性语句

操作性语句包括表达式语句、复合语句、分支语句（或叫选择语句）、循环语句和跳转语句等。语句以分号";"作为结束标志，单独的一个分号被看作一个空语句，空语句不做任何事情。

(1) **表达式语句** 在表达式后边加上分号";",就是一个表达式语句。经常使用的表达式语句有赋值语句和方法调用语句。表达式语句是最简单的语句,它们被顺序执行,完成相应的操作。例如:

```
int k, i = 3, j = 4;
k = i + j;
System.out.println("k = " + k);
```

上述是3个表达式语句。

(2) **复合语句** 复合语句也称为块(Block)语句,是包含在一对大括号"{ }"中的任意语句序列。与其他语句用分号作结束符不同,复合语句右括号"}"后面不需要分号。尽管复合语句含有任意多个语句,但从语法上讲,一个复合语句被看作一个简单语句。

【例3-3】 复合语句示例。

```
class C3_3{
    public static void main(String[] args){
        int k,i=3,j=4;
        k=i+j;
        System.out.println("k = " + k);
        {
            float f;
            f=j+4.5F;
            i++;
            System.out.println("f = " + f);
        }
        System.out.println("i = " + i);
    }
}
```

(3) **分支语句/选择语句** 分支语句又可以分为if-else(或if else-if else)语句与switch语句,具体内容见3.4节。

(4) **循环语句** 按照其语法特点又可以分为for循环语句、while循环语句与do-while循环语句,具体内容见3.5节。

(5) **跳转语句** 跳转语句可以无条件改变程序的执行顺序,具体内容见3.6节。

3.4 分支语句

3.4.1 if 语句

1. 单分支语句

if 语句是最简单的流程控制语句。if 语句中的条件表达式,如果其值为真,则继续执行下面的语句块,否则跳过这个语句块。单分支 if 语句的流程如图 3-1 所示。

单分支条件语句的一般格式如下：

```
if(布尔表达式){
    语句块;
}
```

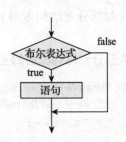

图 3-1　单分支 if 语句流程图

【例 3-4】根据年龄，判断某人是否为成年。

```
public class C3_4{
    public static void main(String[] args){
        byte age = 20;
        if(age >= 18)
            System.out.println("成年");
        if(age < 18)
            System.out.println("未成年");
    }
}
```

这是最简单的单分支结构。

2. 多分支语句

Java 语言的双分支结构由 if-else 语句实现，一般格式如下：

```
if(布尔表达式){
    语句块1;
}
else{
    语句块2;
}
```

if-else 语句根据判断条件的真假来执行两种操作中的一种。当 if 表达式的值为真时，就执行语句1所在的语句块；否则，当 if 表达式的值为假时，就会转向 else 部分去执行，即两部分的代码只有一部分被执行。多分支 if 语句的流程如图 3-2 所示。

【例 3-5】根据年龄，判断某人是否为成年，用双分支实现。

```
public class C3_5{
    public static void main(String[] args){
        byte age = 20;
        if(age >= 18)
            System.out.println("成年");
        else
            System.out.println("未成年");
    }
}
```

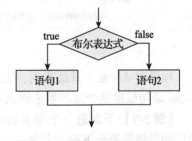

图 3-2　多分支 if 语句流程图

3. if 嵌套语句

Java 语言允许对 if-else 条件语句进行嵌套使用。前述分支结构的语句部分，可以是任何语句（包括分支语句本身），把分支结构的语句部分仍为分支结构的情况，称为分支结构嵌套。

构造分支结构嵌套的主要目的是解决条件判断较多、较复杂的一些问题。例如：

```
if(firstValue == 0){
    if(sencondValue == 1)
        Value++;
}
else{
    Value--;
}
```

【例3-6】 嵌套语句示例。

```
public class C3_6{
    public static void main(String[] args){
        Calendar day = new GregorianCalendar();
        int today;
        today = day.get(Calendar.DAY_OF_WEEK);
        if(today == 0)
            System.out.println("Today is Monday");
        else if(today == 1)
            System.out.println("Today is Tuesday");
        else if(today == 2)
            System.out.println("Today is Wednesday");
        else if(today == 3)
            System.out.println("Today is Thursday");
        else if(today == 4)
            System.out.println("Today is Friday");
        else if(today == 5)
            System.out.println("Today is Saturday");
        else
            System.out.println("Today is Sunday");
    }
}
```

程序中 day 是个日历实例，它的方法 get(Calendar.DAY_OF_WEEK)返回当天的星期数，if-else 语句根据这个星期数来输出字符串。

【例3-7】 下面是一个用 if-else 语句构造多分支程序的示例，判断某一年是否为闰年。闰年的条件是符合下面二者之一：①能被4整除，不能被100整除；②能被400整除。

```
public class C3_7{
    public static void main(String[] args){
        boolean leap;
        int year=1989;
        if((year%4==0&&year%100!=0)||(year%400==0))    //方法1
            System.out.println(year+"年是闰年");
        else
```

```
        System.out.println(year +"年不是闰年");
    year = 2000;
    if(year%4!=0)       //方法2
        leap = false;
    else if(year%100!=0)
        leap = false;
    else
        leap = true;
    if(leap == true)
        System.out.println(year +"年是闰年");
    else
        System.out.println(year +"年不是闰年");
    year = 2100;
    if(year%4 == 0){    //方法3
        if(year%100 == 0){
            if(year%400 == 0)
                leap = true;
            else
                leap = false;
        }
    }
    else
        leap = false;
    if(leap == true)
        System.put.println(year +"年是闰年");
    else
        System.out.println(year +"年不是闰年");
    }
}
```

程序运行结果如下：

1989 年不是闰年
2000 年是闰年
2100 年不是闰年

程序中，方法1用一个逻辑表达式包含了所有的闰年条件；方法2使用了 if-else 语句的复合形式；方法3则通过大括号 {} 对 if-else 进行匹配来实现闰年的判断。可以根据程序对比这3种方法，体会其中的联系和区别，在不同场合选用适当的方法。

3.4.2 switch 语句

必须在多个备选方案中处理多项选择时，再用 if-else 结构就显得很烦琐。这时可以使用 switch 语句来实现同样的功能。switch 语句基于一个条件表达式来执行多个分支语句中的一个，它是一个不需要布尔求值的流程控制语句。switch 语句的格式一般如下：

```
switch(表达式){
    case 值1：语句1；
```

```
            break ;
    case 值2 : 语句2 ;
            break ;
    ...
    case 值N : 语句N ;
            break ;
    [ default :上面情况都不符合则执行该语句;
            break ;]
}
```

使用 switch 语句时，注意以下几点：

1) switch、case、default 是关键字。
2) 表达式返回的值必须是整型或字符型的常量值。
3) 所有 case 子句中的值是不同的。
4) default 子句是任选的。当表达式的值与任意一个 case 子句中的值都不匹配时，程序执行 default 后面的语句；如果表达式的值与任意一个 case 子句中的值都不匹配且没有 default 子句时，程序不做任何操作，并直接跳出 switch 语句。
5) 通常在每一个 case 中都应使用 break 语句提供一个出口，使流程跳出 switch 语句。否则，在第一个满足条件 case 后面的所有语句都会被执行，这种情况叫作"落空"。
6) case 语句中包括多个执行语句时，可以不用大括号"{}"括起来。
7) switch 语句的功能也可以用 if-else 来实现，但在某些情况下，使用 switch 更简练，可读性强，而且可以提高程序的执行效率。

【例3-8】当温度变量 c 小于10℃时显示"有点冷"；c 小于25℃时，显示"合适"；c 大于25℃且小于35℃时，显示"有点热"；c 大于35℃时，显示"太热了"。

```java
public class C3_8{
    public static void main(String[] args){
        int c=28;
        switch(c<10? 1:c<25? 2:c<35? 3:4){
            case 1:System.out.println(" "+c+"℃有点冷");
                break;
            case 2:System.out.println(" "+c+"℃合适");
                break;
            case 3:System.out.println(" "+c+"℃有点热");
                break;
            default:System.out.println(" "+c+"℃太热了");
        }
    }
}
```

程序运行结果如下：

28℃有点热

若将例3-8中 switch 语句结构中的 break 语句去掉，则程序运行结果如下：

28℃有点热
28℃太热了

3.5 循环语句

循环结构可使程序根据一定的条件重复执行某一部分程序代码，直到满足终止循环条件为止。Java 语言引入了 3 种循环语句：while 语句、do-while 语句以及 for 语句，如图 3-3 所示。

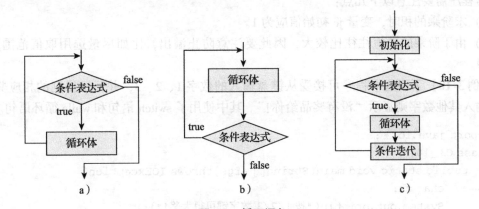

图 3-3 循环语句
a) while 语句 b) do-while 语句 c) for 语句

3.5.1 while 语句

很多问题，事先是很难确定循环到底会执行多少次的，只知道循环执行的条件。这时候可以使用 while 循环，其语法格式如下：

```
while(条件表达式){
    循环体；
}
```

while 是关键字，首先计算条件表达式的值，若为 true 则执行循环体，然后再计算条件表达式的值，只要是 true 就循环执行，直到布尔值为 false 才结束退出 while 结构。

循环体可以是复合语句、简单语句甚至是空语句，一般情况下，循环体中应包含有能修改条件表达式取值的语句，否则就容易出现"死循环"（程序毫无意义地无限循环下去）。例如：

```
while(1);
```

这里，循环体为一空语句，而条件表达式为一常量 1（Java 语言里，0 代表 false，非 0 代表 true），因此这是一死循环。

【例 3-9】 利用 while 语句求 10 的阶乘。

```
public class C3_9{
    public static void main(String[] args){
        long jc =1;
        int i =1;
        while(i <=10){
```

```
            jc * = i;
            i ++;
        }
        System.out.println((i-1) + "! 结果:" +jc);
    }
}
```

本程序需要注意以下几点：

1) 求阶乘的积时，变量 jc 初始值应为 1。

2) 由于阶乘的数值往往比较大，因此要注意防止溢出，比如尽量选用取值范围大的 long 型。

【例 3-10】 下面这个程序可接受从键盘输入的数字 1、2、3，并显示得到的相应奖品；如果输入其他数字则显示"没有奖品给你！"。其中使用了 switch 语句和 while 循环语句。

```
import java.io.*;
class C3_10{
    public static void main(String[] args)throws IOException{
        char ch;
        System.out.println("按1/2/3 数字键可得大奖！");
        System.out.println("按空格键后回车可退出循环操作。");
        while((ch=(char)System.in.read())! =''){
            System.in.skip(2);    //跳过回车键
            switch(ch)
            {
                case '1':System.out.println("你得到一辆车！");
                    break;
                case '2':System.out.println("你得到一台彩电！");
                    break1;
                case '3':System.out.println("你得到一台冰箱！");
                    break;
                default:System.out.println("没有奖品给你！");
            }
        }
    }
}
```

3.5.2 do-while 语句

上面的 while 循环语句从顶部开始测试循环条件，因此，如果条件不满足则该循环块中的代码可能永远也得不到执行。如果想让一个块至少执行一次，则需要从底部开始测试。do-while 语句可以实现"直到型"循环，其语法格式如下：

```
do{
    循环体;
}while(条件表达式);
```

【例 3-11】 假定在银行中存款 5000 元，按 6.25% 的年利率计算，过多少年后就会连本带利翻一番。

```java
public class C3_11{
    public static void main(String[] args){
        double m = 5000.0;      //初始存款额
        double s = m;           //当前存款额
        int count = 0;          //存款年数
        do{
            s = (1 + 0.0625) * s;
            count ++;
        }while(s < 2 * m);
        System.out.println(count + "年后连本带利翻一番!");
    }
}
```

【例3-12】求 $1 + 2 + \cdots + 100$ 之和。

```java
class C3_12{
    public static void main(String[] args){
        int n = 1;
        int sum = 0;
        do{
            sum += n ++;        //思考本句如何解释？
        }while(n <= 100);
        System.out.println("1 + 2 + ···+100 = " + sum);
    }
}
```

程序运行结果如下：

1 + 2 + ···+100 = 5050

3.5.3 for 循环语句

for 语句是 Java 语言中最常用的循环结构，其语法格式如下：

```
for(初始化;条件表达式;条件迭代){
    循环体;
}
```

具体说明如下：

1) for 语句执行时，首先执行初始化操作，然后判断条件表达式是否满足。如果满足，则执行循环体中的语句，最后执行条件迭代部分。完成一次循环后，重新判断条件表达式。

2) 可以在 for 语句的初始化部分声明一个变量，其作用域为整个 for 语句。

3) for 语句通常用来执行循环次数确定的情况（如对数组元素执行操作），也可以根据循环结束条件执行循环次数不确定的情况。

4) 在初始化部分和条件迭代部分可以使用逗号语句，即用逗号分隔的语句序列来进行多个操作。例如：

```
for(i=0,j=0;i<j;i++,j--){
    ...
}
```

5）初始化、条件表达式和条件迭代部分都可以为空语句（但分号不能省），三者均为空的时候，相当于一个无限循环。

【例3-13】利用for语句实现1到100的累加。

```
public class C3_13{
    public static void main(String[] args){
        int sum=0;    //累加和变量sum
        for(int i=1;i<=100;i++){    //控制变量i
            sum+=i;
        }
        System.out.println("累加和为:"+sum);
    }
}
```

【例3-14】对一维数组中的每个元素赋值，然后按逆序输出。

```
public class C3_14{
    public static void main(String[] args){
        int i;
        int a[]=new int[5];    //数组申明和赋值
        for(i=0;i<5;i++)
            a[i]=i;
        for(i=a.length-1;i>=0;i--)
            System.out.println("a["+i+"]="+a[i]);
    }
}
```

程序运行结果如下：

```
a[4]=4
a[3]=3
a[2]=2
a[1]=1
a[0]=0
```

注意：循环控制的边界（初始条件及结束条件）必须正确。

【例3-15】按5°C的增量打印出一个摄氏度到华氏度的转换表。

```
Class C3_15{
    public static void main (String[] args){
        int fahr,cels;
        System.out.println("摄氏度    华氏度");
        for(cels=0;cels<=40;cels+=5){
            fahr=cels*9/5+32;
```

```
            System.out.println(" "+cels+"        "+fahr);
        }
    }
}
```

程序运行结果如下：

摄氏度	华氏度
0	32
5	41
10	50
15	59
20	68
25	77
30	86
35	95
40	104

关于 for 语句中的条件迭代，应当注意以下几点：

1）条件迭代中的计数器可在 for 语句之前定义，也可以在括号中定义。计数器增量为 1 时常写成增量运算的形式，以加快运算速度。

2）根据需要，增量可以大于或小于 1。

3）增量计算也可以放在循环体中进行，即把条件迭代移到循环体内的适当位置，原位置为空。例如，原代码如下：

```
int fahr,cels;
for(cels=0;cels<=40;cels+=5){
    fahr=cels*9/5+32;
    System.out.println(" "+cels+"        "+fahr);
}
```

新代码如下：

```
cels=0;    //计数器可以提前定义和赋值
for(;cels<=40;){
    fahr=cels*9/5+32;
    System.out.println(" "+cels+"        "+fahr);
    cels+=5;    //增量计算可以在循环体中设置
}
```

> **注意**：使用循环语句时常常会遇到死循环的情况，也就是无限制地循环下去。所以在使用 for 循环时，要注意初值、终值和增量的搭配。终值大于初值时，增量应为正值；终值小于初值时，增量应为负值。编程时必须要密切关注计数器的改变，这是实现正常循环、避免陷入死循环的关键。

3.5.4 多重循环

【例 3-16】用 while 和 for 循环语句实现累计求和。

```
public class C3_16{
    public static void main(String[] args){
        int n=10,sum=0;
        while(n>0){
        sum=0;
        for(int i=1;i<=n;i++)
            sum+=i;
        system.out.println("前"+n+"个数的总和为:"+sum);
        n--;
        }
    }
}
```

程序运行结果如下：

前 10 个数的总和为:55
前 9 个数的总和为:45
前 8 个数的总和为:36
前 7 个数的总和为:28
前 6 个数的总和为:21
前 5 个数的总和为:15
前 4 个数的总和为:10
前 3 个数的总和为:6
前 2 个数的总和为:3
前 1 个数的总和为:1

3.5.5 循环语句小结

一个循环一般应包括以下 4 部分内容。

1) 初始化部分：用来设置循环变量的初始值、计数器清零等。
2) 循环体部分：反复被执行的一段代码，可以是单语句，也可以是复合语句。
3) 迭代部分（或者叫循环变量的变化方式）：在当前循环结束、下一次循环开始时执行的语句，常用来使计数器加 1 或减 1。
4) 终止部分：通常是一个布尔表达式，每一次循环要对该表达式求值，以验证是否满足循环终止条件。

【例 3-17】编程实现打印以下图案。

```
        *
       * *
      * * *
     * * * * *
    * * * * * *
   * * * * * * * *
```

```
public class C3_17{
    public static void main(String[] args){
        int i,j;    //i 控制行数,j 控制 * 的个数
```

```
    for(i=1;i<=6;i++){
        for(j=1;j<=i*2-1;j++)
            System.out.print("*");
        System.out.println();        //换行
    }
}
```

for 语句和 while 语句都可以用于设计循环程序结构,而且它们之间是可以相互转化的。例如下面程序:

```
sum = 0;
for(j=1;j<=100;j++){
    sum += j;
}
```

可以转化为:

```
j=1;
sum=0;
while(j<=100){
    sum += j;
    j++;
}
```

3.6 跳转语句

跳转语句可以无条件改变程序的执行顺序。Java 支持 3 种跳转语句: return 语句、break 语句和 continue 语句。

3.6.1 return 语句

return 语句用于方法的返回,当程序执行到 return 语句时,终止当前方法的执行,返回到调用这个方法的语句。返回值的数据类型必须与方法声明中的返回值类型一致,可以使用强制类型转换来使类型一致。

带参数的 return 语句格式如下:

`return 表达式;`

说明如下:

1) return 语句通常位于一个方法体的最后一行,有带参数和不带参数两种形式,带参数形式的 return 语句退出该方法并返回一个值。

2) 当方法用 void 声明时,说明不需要返回值(即返回类型为空),应使用不带参数的 return 语句,也可以省略,则当程序执行到这个方法的最后一条语句时,遇到方法的结束标志"}"就自动返回到调用这个方法的语句。

【例 3-18】带参数的 return 语句的使用示例。

```
class C3_18{
```

```
        final static double PI = 3.14159;
        public static void main(String[] args){
            double r1 = 8.0, r2 = 5.0;
            System.out.println("半径为" + r1 + "的圆面积 = " + area(r1));
            System.out.println("半径为" + r2 + "的圆面积 = " + area(r2));
        }
        Static double area(double r){
            return(PI * r * r);
        }
}
```

程序运行结果如下：

半径为8.0 的圆面积 = 201.06176
半径为5.0 的圆面积 = 78.53975

3.6.2 break 语句

1. break 语句用法

break 语句提供了一种方便地跳出循环的方法。使用 break 语句可以立即终止循环，跳出循环体，即使没有结束也如此；也可以用于 switch 语句的跳出，继续执行其他语句。

【例 3-19】break 语句的使用示例。

```
class C3_19{
    public static void main(String[] args){
        boolean test = true;
        int i = 0;
        while(test){
            i = i + 2;
            System.out.println("i = " + i);
            if(i > = 10)
                break;
        }
        System.out.println("i 为" + i + "时循环结束");
    }
}
```

程序运行结果如下：

i = 2
i = 4
i = 6
i = 8
i = 10
i 为10 时循环结束

2. 带标号的 break 语句

标号是标记程序位置的标识符。break 语句只能跳转到循环语句后面的第一条语句上，而带标号的 break 语句可直接跳转到标号处。例如，正常的 break 只退出一重循环，如果要

退出多重循环,可以使用带标号的 break 语句。其语法格式如下:

标识符:
...
break 标识符;

【例3-20】带标号的 break 语句的使用示例。运行该程序,正常情况下可以从键盘接受 16 个输入字符,但当输入"b"并回车时,break 语句就会结束二重循环。

```
class C3_20{
    public static void main(String[] args) throws java.io.IOException{
        char ch;
        lab1:    //此处为标号标识符
        for(int i = 0;i < 4;i ++)
            for(int j = 0;j < 4;j ++){
                ch = (char)System.in.read();
                System.in,skip(2);
                if(ch == 'b')
                    break lab1;    //跳到标号标识符处
                if(ch == 'c')
                    System.out.println("继续");
            }
        System.out.println("结束两重循环");
    }
}
```

程序运行结果如下:

c
继续
1234
b
结束两重循环

3.6.3 continue 语句

continue 语句只能用在循环结构中,它跳过循环体中尚未执行的语句,重新开始下一轮循环,即从循环体第一个语句开始执行。

【例3-21】下面的程序可以输出 1~9 中除 6 以外所有偶数的平方值。

```
class C3_21{
    public static void main(String[] args){
        for(int i = 2;i < = 9;i += 2){
            if(i == 6)
                continue;
            System.out.println(i + "的平方 = " + i * i);
        }
    }
}
```

程序运行结果如下：

2 的平方 = 4
4 的平方 = 16
8 的平方 = 64

3.7 断言

3.7.1 断言的语法与使用方式

1. 断言的定义

断言（Assert）是一种错误处理机制，是在程序的开发和测试阶段使用的工具。它是 JDK 1.4 中引入的一个新的关键字，有如下两种语法格式：

assert 条件
assert 条件: 表达式

这两个形式都会对"条件"进行判断，"条件"是一个布尔表达式。如果判断结果为假（false）则抛出 AssertionError。在第二种形式中，"表达式"会传进 AssertionError 的构造函数中并转成一个消息字符串。

"表达式"部分的唯一目的就是生成一个消息字符串。AssertionError 对象并不存储表达式的值，因此不可能在以后获取它。

2. 断言使用示例

例如，如果要进行如下的计算：

```
double y = Math.sqrt(x);
```

其中，sqrt(x) 是一个开平方运算，x 必须为正才不会出错。为了检查传入的参数是否为正，可以使用如下的断言语句：

```
assert x > =0;
double y = Math.sqrt(x);
```

或者：

```
assert x > =0:"x > =0";   /* 将"x > =0"传给 AssertionError 对象,从而可在出错时显示出来 */
double y = Math.sqrt(x);
```

当 x 为负值时，assert 语句将抛出 AssertionError 异常，从而可以根据异常信息对程序的其他部分进行检查。

因为 assert 是一个新的关键字，因此在使用时需要告诉编译器将使用该特性。在编译时必须使用-source 1.4 参数，例如：

```
javac -source 1.4 Myclass.class
```

3. 打开和关闭断言功能

默认情况下，断言是关闭的。要通过-enableassertions 或者-ea 参数来运行程序以打开断言，例如：

ava -ea Myapp

打开或者关闭断言是类装载器的功能。当断言功能被关闭时，类装载器会跳过那些和断言相关的代码，因此不会降低程序运行速度，即它们没有任何副作用。也可以对某个类或某个包打开断言功能，例如：

```
java-ea:Myclass-ea:com.mydx.mylib...
```

该命令打开类 Myclass 以及在 com. mydx. mylib 包中及其子包中全部类的断言功能（包名后的省略号是必需的）。

可以使用-da 参数来关闭特定类或包的断言功能：

```
java-da:Myclass-da:com.mydx.mylib...
```

-ea 和-da 参数对系统类（不通过类装载器而由 Java 虚拟机直接装载的类）无效，对系统类使用-esa 和-dsa 参数。

4. 何时使用断言

记住两点：
1）断言失败是致命的、不可恢复的错误。
2）断言检查仅仅用在程序开发和测试阶段。

因此，断言仅仅应该在测试阶段用来定位程序内部错误。可以将断言语句作为方法的前置条件或后置条件来添加，也可以将其置于任何方法内，或放在 if-else 语句块和 switch 语句块中。assert 关键字的唯一限制在于它必须位于可执行块中。

对一个方法调用是否使用断言，应先看看该方法的文档。如果文档指明在某种情况下会抛出异常，那么对这种情况不需要使用断言；如果文档指明一个限制条件，但没有说明违反该条件会抛出异常，此时就可以使用断言。

5. 什么地方不要使用断言

断言语句不是永远会执行，可以屏蔽也可以启用，因此：
1）不要使用断言作为公共方法的参数检查，公共方法的参数永远都要执行（也就是说断言应该尽量用在编译阶段确定的变量值）。
2）断言语句不可以有任何边界效应，不要使用断言语句去修改变量和改变方法的返回值。

6. 对方法调用使用断言

以标准库中的 Arrays. sort 方法为例：

```
static void sort(int[ ] a, int fromIndex, int toIndex)
```

该方法的文档说明了：①如果索引值不正确时该方法会抛出一个异常；②不允许使用一个空数组 a 来调用该方法（这种限制称为前提）。

对于第一种情况，调用该方法时就不需要使用断言；对于第二种情况，就可以在方法开始前使用断言：

```
assert(a! =null);    //断言数组 a 不为空
```

断言可以用于验证传递给 private 方法的参数。不过，断言不应该用于验证传递给 public

方法的参数，因为不管是否启用了断言，public 方法都必须检查其参数。不过，既可以在 public 方法中、也可以在非 public 方法中利用断言测试后置条件。另外，断言不应该以任何方式改变程序的状态。

3.7.2 断言的编译与执行

断言在默认情况下是关闭的，要在编译时启用断言，需要使用-source 1.4 参数，在运行时启用断言需要使用-ea 参数，要在系统类中启用和禁用断言可以使用-esa 和-dsa 参数。

【例3-22】断言示例。

```
public class C3_22_1{
    public AssertExampleOne(){}
    public static void main(String[] args){
        int x=10;
        System.out.println("Testing Assertion that x==100");
        assert x==100:"Out assertion failed!";
        System.out.println("Test passed!");
    }
}
```

如果编译时未加 -source 1.4 参数，则编译无法通过。在执行时未加-ea 参数时输出如下：

Testing Assertion that x==100 Test passed;

JRE 忽略了断言的旧代码，而使用了该参数的输出如下：

Testing Assertion that x==100
Exception in thread "main" java.lang.AssertionError: Out assertion failed!
at C3_22_1.main(C3_22_1.java:6)

由于程序员的问题，断言的使用可能会带来副作用，例如：

```
boolean isEnable = false;
//...
assert isEnable = true;
```

这个断言的副作用是因为它修改了程序中变量的值并且未抛出错误，这样的错误如果不细心的检查是很难发现的。但是同时，可以根据以上的副作用得到一个有用的特性，根据它来测试断言是否打开。

```
public class C3_22_2{
    public static void main(String[] args){
        boolean isEnable = false;
        //...
        assert isEnable = true;
        if(isEnable == false)
            throw new RuntimeException("Assertion should be enable!");
    }
}
```

本章小结

本章主要介绍了 Java 语言基础知识,重点包括 Java 的运算符、表达式、断言,还介绍了 Java 流程控制结构:顺序结构、选择结构和循环结构,掌握好这 3 种语法结构是 Java 应用程序开发的基础。这些都是基本的语法知识,也是任何编程语言都不可缺少的重点内容。因而,掌握该章节的知识直接关系到实际的编程操作。读者对该章节的知识最好能够比较熟练地掌握,在实际开发中也要多注意经验的积累。

习题 3

一、选择题

1. 下列变量均已经正确定义,合法的赋值语句是( )。
   A. a==1;   B. ++i;   C. a=a+1=5;   D. y=int(i);

2. 设 x 为 int 型变量,则执行下列语句段后,x 的值为( )。
   ```
   x = 10;
   x += x -= x - x
   ```
   A. 10   B. 20   C. 40   D. 30

3. 若定义 "int a=2",则执行完语句 "a-=a*a;" 后,a 的值是( )。
   A. 0   B. 4   C. -2   D. -4

4. 若所用变量都已经正确定义,下列各项中,符合 Java 语言语法的表达式是( )。
   A. a!=4||b==1   B. 'a'%3
   C. 'a'==1/2   D. 'A'+32

5. 对下列语句序列正确的说法是( )。
   ```
   int c = 'A'/3;
   c += '1'%5;
   System.out.println(c);
   ```
   A. 输出结果 25   B. 产生编译错误
   C. 输出结果 21   D. 输出结果 2

6. 执行下列程序后,b、x、y 的值正确的是( )。
   ```
   int x = 6, y = 8;
   boolean b;
   b = x<y || ++x == --y;
   ```
   A. true, 6, 8   B. false, 7, 7   C. true, 7, 7   D. false, 6, 8

7. 下列语句序列执行后,k 的值是( )。
   ```
   int i = 6, j = 8, k = 10, m = 7;
   if(!(i>j|m>k++)) k++;
   ```
   A. 9   B. 11   C. 10   D. 12

8. 下列语句程序执行后,r 的值是( )。

```
int x = 5, y = 10, r = 5;
switch(x + y){
    case 15: r += x;
    case 20: r -= y;
    case 25: r *= x/y;
    default: r += r;
}
```

A. 15　　　　　B. 10　　　　　C. 0　　　　　D. 20

9. 能从循环语句的循环体中跳出的语句是（　　）。
   A. for 语句　　　　　　　　　B. break 语句
   C. while 语句　　　　　　　　D. continue 语句

10. 执行完下列程序段后，k 的值是（　　）。

```
int k = 0;
lable: for(int i = 1; i < 3; i++){
    for(int j = 1; j < 3; j++){
        k += i + j;
        System.out.println(k);
        if(i == 2)
            continue lable;
    }
}
```

A. 3　　　　　B. 5　　　　　C. 8　　　　　D. 12

二、简答题

1. 阅读下列程序，给方法 main( ) 中的语句加上注释。

```
public class E3_2_3{
    public static void main(String[] args){
        int a = 8;
        a += 8;
        System.out.println("a = " + a);
        a *= ++a;
        System.out.println("a = " + a);
    }
}
```

2. 阅读下列程序段，回答以下问题：

```
char c = 'A';
for(int i = 1; i <= 5; i++){
    System.out.println(c++);
    //问题2 的代码在此处
}
```

1)写出程序段的输出结果。

2)如果将程序段的 for 语句的最后加上语句:

    if(i==3) break;

请写出程序输出结果。

三、编程题

1. 编写程序,求 $1^2 - 2^2 + 3^2 - 4^2 + \cdots + 97^2 - 98^2 + 99^2 - 100^2$ 的值。

2. 编写程序求 1!+2!+…+20! 的和并显示,同时输出 1!、2!、3!、…的结果。

第4章 面向对象程序设计

学习目标

1. 了解面向对象的基本概念（4.1.1）。
2. 掌握类和对象的声明与创建方法，以及变量及方法的调用（4.2）。
3. 能正确使用抽象类，理解面向抽象的编程（4.3）。
4. 能正确定义、使用接口，理解面向接口的编程（4.4）。
5. 理解内部类的概念（4.5）。
6. 了解其他修饰符（4.6）和包（4.7）。
7. 掌握继承的基本概念与实现方法（4.8）。
8. 了解Java中的两种多态机制（4.9）。

4.1 面向对象技术基础

Java语言完全采用面向对象技术编写程序，因此为了更深入理解Java程序设计的精髓，有必要从最基本的概念入手，深入理解和掌握Java面向对象的相关知识。

4.1.1 面向对象的基本概念

面向对象是一种程序设计方法，或者说是一种程序设计规范，其基本思想是使用对象、类、继承、封装、消息等方法来进行程序设计。从现实世界中客观存在的事物（即对象）抽象出各种类来构造软件系统，并且在系统构造中尽可能运用人类的自然思维方式。

Java语言与其他面向对象语言一样，引入了类和对象的概念。类是用来创建对象的模板，它包含被创建对象的属性和方法的定义。对象是系统中用来描述客观事物的一个实体，它是构成系统的一个基本单位。一个对象由一组属性和对这组属性进行操作的一组服务组成。

当编写Java程序时，既可以使用Java系统类库提供的类，也可以使用Java开发人员自己编写的类。学习Java编程就必须学会怎样去编写类，即怎样用Java语法去描述一类事物共有的属性和行为。

1）对象的属性通过变量来刻画。
2）对象的行为通过方法来体现。
3）方法可以操作属性形成一定的算法来实现一个具体的功能。
4）类把属性和方法封装成一个整体。

4.1.2 面向对象的特性

（1）封装性　封装性就是把对象的属性和服务结合成一个独立的相同单位，并尽可能隐蔽对象的内部细节，包含两个含义：① 把对象的全部属性和全部服务结合在一起，形成一个不可分割的独立单位（即对象）；② 信息隐蔽，即尽可能隐蔽对象的内部细节，对外形成一个边界（或者说形成一道屏障），只保留有限的对外接口使之与外部发生联系。

（2）继承性　特殊类的对象拥有其一般类的全部属性与服务，称为特殊类对一般类的继承。例如，轮船、客轮；人、大人。一个类可以是多个一般类的特殊类，它从多个一般类中继承了属性与服务，这称为多继承。例如，客轮是轮船和客运工具的特殊类。在 Java 语言中，通常称一般类为父类（SuperClass，超类），特殊类为子类（SubClass）。

（3）多态性　对象的多态性是指在一般类中定义的属性或服务被特殊类继承之后，可以具有不同的数据类型或表现出不同的行为。这使得同一个属性或服务在一般类及其各个特殊类中具有不同的语义。例如，"几何图形"的"绘图"方法，"椭圆"和"多边形"都是"几何图"的子类，其"绘图"方法功能不同。

4.2 类

4.2.1 Java 类及类的声明

在 Java 语言中，类是程序的基本构成要素，是对象的模板，Java 程序中所有的对象都是由类创建的。

Java 中用户自己定义的类由类的声明和类的主体两部分组成，语法格式如下：

```
[修饰符] class 类名 [extends 父类名][implements 接口名列表]{
    [修饰符] 成员变量
    [修饰符] 成员方法
}
```

说明：

1）关键字 class 是类定义的开始，它告诉 Java 编译器，其后的"类名"是一个新建类。类名命名时其首字母大写，其他各词首字母也大写。

2）类的修饰符（[public]　[abstract｜final]）、extends（继承/扩展）、implements（实现）这些关键字及其用法在后面章节会详细讲述。

类体的定义如下。

1）成员变量的声明：

[public｜protected｜private][static][final][transient][volatile]数据类型 变量名；

2）成员方法的声明和定义：

[public｜protected｜private][static][final｜abstract][native][synchronized]方法返回值类型 方法名(参数列表)[throws exceptionList]{
　　方法体语句
}

下面是对 Rectangle 类的描述：

```
class Rectangle{    //class 指出这是一个类,Rectangle 是类的标识,这是类的声明部分
    //{}这部分是类的类体部分,描述了类的静态属性与动态属性
    int width;      //定义矩形的宽度属性  ⎫
    int height;     //定义矩形的高度属性  ⎬ 类的属性(静态特征),即成员变量
```

```
    double area(){    //定义矩形的面积方法
        return width * height;
    }
    double perimeter(){    //定义矩形的周长方法
        return 2 * (width + height);
    }
}
```
类的属性(动态特征),即成员方法

4.2.2 对象的概念及创建

在 Java 语言中,把任何事物都看作对象,例如一个人、一个动物,或者没有生命体的轮船、汽车、飞机,甚至概念性的抽象,例如公司业绩。

1. 声明对象

声明对象的语法格式如下:

类名 对象名;

声明同一个类的多个对象时,用逗号隔开,语法格式如下:

类名 对象名1,对象名2,对象名3;

例如,定义 Apple 类并声明 Apple 类的对象 redApple、redApple2 及 redApple3,语句如下:

```
class Apple{
    double price;
    String type;
    double money(double weight){
        return price * weight;
    }
}
Apple redApple, redApple2, redApple3;
```

声明并不为对象分配内存空间,而只是分配一个引用空间;对象的引用类似于指针,是32位的地址空间,它的值指向一个中间的数据结构,存储有关数据类型的信息以及当前对象所在的堆的地址,而对于对象所在的实际的内存地址是不可操作的,这就保证了安全性。在声明对象时,只是在内存中为其建立一个引用,并置初值为 null,表示不指向任何内存空间。

2. 创建对象

声明对象以后,需要为对象分配内存,这个过程也称为实例化对象。在 Java 中使用关键字 new 来实例化对象,具体语法格式如下:

对象名 = new 类名([参数列表]);

对象名:用于指定已经声明的对象。

类名:用于指定构造方法,因为构造方法与类名相同。

参数列表:可选参数,用于指定构造方法的入口参数。如果构造方法无参数,则可以省略。

例如,在声明 Apple 类的一个对象 redApple 后,可以通过以下语句为对象 redApple 分配

内存(即创建该对象):

```
redApple = new Apple( );
```

在声明对象时,也可以直接实例化该对象:

```
Apple redApple = new Apple();
```

这相当于同时执行了对象声明和创建对象:

```
Apple redApple;
redApple = new Apple( );
```

3. 对象的初始化

在创建对象时,通常首先要为对象的数据成员赋初始值,称为对象的初始化。初始化对象可以采用两种方式,即由赋值语句赋值或由构造方法赋值。构造方法赋值将在 4.2.2 节介绍。

由赋值语句赋值,具体语法格式如下:

对象名.数据成员名 = 值;

例如,上面创建了 Apple 类的对象 redApple 后,为其属性赋值的语句如下:

```
redApple.price = 3.5;
redApple.type = "红富士";
```

4.2.3 使用对象

创建对象后,就可以访问对象的成员变量,并改变成员变量的值了,而且还可以调用对象的成员方法。通过使用运算符"."实现对成员变量的访问和成员方法的调用,语法格式如下:

对象.成员变量
对象.成员方法( )

1) 调用对象的变量。继续上面的例子:

```
System.out.println(redApple.price);   //输出 redApple 苹果的单价
```

2) 调用对象的方法。例如:

```
System.out.println(redApple.money(100));   //输出 100 斤 redApple 的总价
```

4.2.4 对象的初始化和构造方法

如果对象的数据成员比较多,则初始化对象就比较麻烦,因为每条语句只能为一个数据成员赋值,在这种情况下,就可以定义一个方法(构造方法)来实现对数据成员的赋值:

```
public class Apple {
    public Apple() {   //构造方法
        ...
    }
}
```

构造方法是类的一种特殊方法,它的特殊性主要体现在以下几个方面:
1)构造方法的方法名与类名相同,没有返回类型,甚至连 void 也没有。
2)构造方法是类的方法,其作用是初始化对象。构造方法的调用是在创建一个对象时使用 new 操作进行的。
3)构造方法一般不能由编程人员显式地直接调用,在创建一个类的对象的同时,系统会自动调用该类的构造方法将新对象初始化。
4)构造方法可以重载,即可以定义多个具有不同参数的构造方法。
5)构造方法可以继承,即子类可以继承父类的构造方法。
6)如果用户在一个自定义类中未定义该类的构造方法,系统将为这个类定义一个默认的空构造方法。这个空构造方法没有形式参数,也没有任何具体语句,不能完成任何操作。但在创建一个类的新对象时,系统要调用该类的构造方法将新对象初始化。

【例 4-1】构造方法定义示例。分别计算长、宽为 20、10 和 6、3 的两个长方形的面积。

```
class RectConstructor{
    double length;
    double width;
    double area(){
        return length*width;
    }
    RectConstructor(double width,double length){    //带参数的构造方法
        this.length = length;
        this.width = width;
    }
}
public class C4_1{
    public static void main(String [] args) {
        RectConstructor rect1 = new RectConstructor(10,20);
        RectConstructor rect2 = new RectConstructor(3,6);
        double ar;
        ar = rect1.area();
        System.out.println("第一个长方形的面积是" + ar);
        ar = rect2.area();
        System.out.println("第二个长方形的面积是" + ar);
    }
}
```

4.2.5 销毁对象

在许多程序设计语言中,需要手动释放对象所占用的内存,但是在 Java 中则不需要手动完成这项工作。Java 提供的垃圾回收机制可以自动判断对象是否还在使用,并能够自动销毁不再使用的对象,收回对象所占用的资源。

Java 提供了一个名为 finalize 的方法,用于在对象被垃圾回收机制销毁之前执行一些资源回收工作,由垃圾回收系统调用,但是该系统的运行是不可预测的。方法 finalize() 没有任何参数和返回值,且每个类有且只有一个该方法。

当不存在对一个对象的引用时,该对象成为一个无用对象。Java 的垃圾收集器自动扫描对象的动态内存区,把没有引用的对象作为垃圾收集起来并释放。

当系统内存用尽或调用方法 System.gc( ) 要求垃圾回收时,垃圾回收线程与系统同步运行。

4.2.6 类成员变量

在类体中所声明的变量称为类的成员变量,而在方法体中声明的变量和方法的参数则称为局部变量。下面介绍如何声明类成员变量和局部变量。

类体是用一对大括号 " { } " 括起来的类的数据与操作集合,数据与操作分别称为成员变量和成员方法。类体中可以包括用大括号括起来的代码块,也可以为空。

声明类成员变量和成员方法的语句格式如下:

```
{
    [public|protected|private] [static] [final] [transient] [volatile] [transient] <数据类型> <变量名列表> [,变量名 = <初值>];
    [修饰符] <类名> <对象名> [ = new <构造方法名>([实参表])];
    [public|protected|private] [static] [final|abstract] [native] [synchronized] <返回值类型> <方法名>([形式参数列表]) [throws 异常列表] {
        [语句序列;]
    }
    [static] {
        [语句序列;]
    }
}
```

4.2.7 类成员方法

类成员方法描述对象所具有的功能或操作,反映对象的行为,是具有某种相对独立功能的程序模块。一个类可以定义多个方法,对象通过执行成员方法对传来的消息作出响应,完成特定的功能。

1. 成员方法的分类

从成员方法的来源看,可将成员方法分为如下两类:

1) 类库成员方法。这是由 Java 类库提供的,用户只需要按照 Java 提供的调用格式使用这些方法即可。

2) 用户自己定义的成员方法。

在 Java 程序中,成员方法的声明只能在类中进行,语句格式如下:

[修饰符] 返回值的类型 成员方法名(形式参数表)[throws 异常表]{
    说明部分
    执行语句部分
}

按含参数的情况来分,又可将成员方法分为以下两类:

1) 无参成员方法。即方法没有参数,例如:

```
void sum( ){
}
```

2) 带参成员方法。方法中每一个元素叫作参数，多个参数之间用逗号","间隔开，每个参数需要指明其数据类型。例如：

```
double average( int a,int b,int c){
    return (a+b+c)/3.0;
}
```

2. 成员方法的引用

成员方法的引用方式有如下几种：方法语句、方法表达式、方法作为参数、通过对象来引用、通过类名来引用。

一般来说，可通过如下的格式来引用成员方法：

成员方法名(实参列表)

形式参数与实际参数的区别：方法声明时的参数是形式参数，方法引用时的参数是实际参数。当方法引用的时候，将实际参数传递给形式参数。

方法引用时应注意下述问题：

1) 对于无参成员方法来说，是没有实参列表的，但方法名后的括弧不能省略。

2) 对于带参数的成员方法来说，实参的个数、顺序以及它们的数据类型必须与形式参数的个数、顺序以及它们的数据类型保持一致，各个实参间用逗号分隔。实参名与形参名可以相同也可以不同。

3) 实参也可以是表达式，此时一定要注意使表达式的数据类型与形参的数据类型相同，或者使表达式的类型按 Java 类型转换规则达到形参指明的数据类型。

4) 实参变量对形参变量的数据传递是值传递，即只能由实参传递给形参，而不能由形参传递给实参。程序中执行到引用成员方法时，Java 把实参值复制到一个临时存放的存储区（栈）中，形参的任何修改都在栈中进行，当退出该成员方法时，Java 自动清除栈中的内容。

【例 4-2】成员方法引用中参数传递示例。

```
public class C4_2{
    static void add1(double x1,double y1){
        double z1;
        z1 = x1 + y1;
        System.out.println("z1 = " + z1);
        x1 = x1 +13.2; y1 = y1 +10.2;
        System.out.println("x1 = " + x1 + "\ty1 = " + y1);
    }
    static double add2(double x2,double y2) {
        double z2;
        z2 = x2 + y2 +22.9;
        return z2;
    }
    public static void main(String[] args) {
        int a = 20,b = 17;
```

```
        double f1 =12, f2 =24,f3;
        add1(a,b);    //直接引用方法,参数进行值传递
        System.out.println("a = " +a + "\tb = " +b);
        //f3 =add1(f1, f2, 3.5);    //错误,实参与形参的个数不一致
        f3 =2 +add2(f1,f2);    //在表达式中引用方法,参数进行值传递
        System.out.println("f1 = " +f1 + "\tf2 = " +f2 + "\tf3 = " +f3);
        add1(f3,add2(2.5,3.5));    //方法可以作为其他方法的参数,实现参数值传递
    }
}
```

引用成员方法时应注意以下事项:

1) 当一个方法引用另一个方法时,这个被引用的方法必须是已经存在的方法。除了这个要求之外,还要视被引用的成员方法存在于何处而做不同的处理。

2) 如果被引用的方法存在于本文件中,而且是本类的方法,则可直接引用。

3) 如果被引用的方法存在于本文件中,但不是本类的方法,则要考虑类的修饰符与方法的修饰符来决定是否能引用。

4) 被引用的方法不是本文件的方法而是 Java 类库的方法,则必须在文件的开头处用 import 命令将引用有关库方法所需要的信息写入本文件中。

5) 被引用的方法是用户在其他的文件中自己定义的方法,则必须通过加载用户包的方式来引用。

3. 方法体中的局部变量

1) 在方法体内可以定义本方法所使用的变量,这种变量是局部变量,它的生存期与作用域是在本方法内,也就是说局部变量只在本方法内有效或可见,离开本方法这些变量将被自动释放。

2) 方法体内定义变量时,变量前不能加修饰符。

3) 局部变量在使用前必须明确赋值,否则编译时会出错。

4) 在一个方法内部,可以在复合语句中定义变量,这些变量只在复合语句中有效,这种复合语句也称为程序块。

【例4-3】局部变量及其用法示例。

```
public class C4_3 {
    public static void main(String[] args){
        int a =2,b =3;    //定义局部变量 a 和 b
        int f = add(a,b);    //定义局部变量 f 并将其初始化为方法 add()的返回值
        System.out.println("f = " +f);
        //System.out.println("c = " +c);    //错误,c 在方法 add()内,离开则被清除
    }
    static int add(int x,int y){
        //public int z;    //错误,在局部变量 z 前不能加类似 public 的修饰符
        int c,d;    //本方法中定义的局部变量 z 和 d
        c = x +y;    //若写成 c = x +d 就会出错,因为 d 还没有赋值就使用
        return c;
    }
}
```

【例4-4】复合语句中声明的局部变量示例。

```
public class C4_4{
    int a=10,b=20;
    public static void main(String[] args){
        int a=100,b=200;   //正确,局部变量可以和数据成员重名
        int c=a+b;   //复合语句中声明的变量c
        System.out.println("c="+c);
    }
    //System.out.println("c="+c);   //错误,c只在复合语句中有效
    C4_8 obj=new C4_8();
    int c=obj.a+obj.b;   //正确,可以在主方法中定义复合语句中已定义的局部变量
    System.out.println("c="+c);
}
```

4. 成员方法的返回值

若方法有返回值,则在方法体中用return语句指明要返回的值。其语法格式如下:

return 表达式;

或

return(表达式);

5. static修饰的静态方法

用static修饰符修饰的方法称为静态方法,它是属于整个类的类方法。不用static修饰符限定的方法,是属于某个具体类对象的方法。

static方法的使用特点如下:

1) static方法是属于整个类的,它在内存中的代码段将随着类的定义而分配和装载;而非static的方法是属于某个对象的方法,在这个对象创建时,在对象的内存中拥有这个方法的专用代码段。

2) 引用这个方法时,可以使用对象名做前缀,也可以使用类名做前缀。

3) static方法只能访问static数据成员,不能访问非static数据成员,但非static方法可以访问static数据成员。

4) static方法只能访问static方法,不能访问非static方法,但非static方法可以访问static方法。

5) static方法不能被覆盖,也就是说,这个类的子类,不能有相同名、相同参数的方法。

6) main方法是静态方法。在Java的每个应用程序中,都必须有且只能有一个main方法,它是应用程序运行的入口点。

【例4-5】static方法使用举例。

```
class C1{
    int d1;
    static int d2;
```

```
    void f(){
        System.out.println("Function f in C1 is referenxced.");
    }
    static void f1(){
        System.out.println("Function f1 in C1 is referenxced.");
    }
    static void f2() {
        f1();    //合法引用
        //d1 =14;   //错误,引用了非 static 数据成员
        //f();   //错误,引用了非 static 方法
        d2 =15;   //合法
    }
}
class C4_5 extends C1 {
    /* void f1(){    //错误,不能覆盖类的方法
        System.out.println("Function f1 in C1 is referenxced.");
    } */
}
```

6. final 修饰的最终方法

在面向对象的程序设计中,子类可以利用重载机制修改从父类那里继承来的某些数据成员及成员方法,这在给程序设计带来方便的同时,也给系统的安全性带来威胁。为此,Java 语言提供了 final 修饰符来保证系统的安全。

用 final 修饰符修饰的方法称为最终方法,如果类的某个方法被 final 修饰符所限定,则该类的子类就不能覆盖父类的方法,即不能再重新定义与此方法同名的自己的方法,而仅能使用从父类继承来的方法。可见,使用 final 修饰方法,就是为了给方法"上锁",防止任何继承类修改此方法,保证了程序的安全性和正确性。

> **注意**:final 修饰符也可用于修饰类,而当用 final 修饰符修饰类时,所有包含在 final 类中的方法,都自动成为 final 方法。

【例 4-6】 final 修饰的方法应用示例。

```
class C1{
    final int add(int x,int y){    //用 final 修饰符修饰的最终方法
        return (x +y);
    }
    int mul(int a,int b) {
        int z = 0;
        z = add(1,7) + a * b;
        return z;
    }
}
public class C4_6 extends C1 {    //类 C4_6 是类 C1 的子类
    /* int add(int x,int y)    //子类不能覆盖父类的 final 方法
    {  return(x +y +2); }
```

```
     */
    public static void main(String[] args) {
        int a=2,b=3,z1,z2;
        C4_6 obj = new C4_6();
        z1 = obj.add(a,b);    //子类可以引用父类的 final 方法
        z2 = obj.mul(a,b);
        System.out.println("z1 = " + z1);
        System.out.println("z2 = " + z2);
    }
}
```

4.3 特殊类

4.3.1 抽象类

所谓抽象类就是只声明方法的存在而不去具体实现它的类。抽象类不能被实例化，也就是不能创建其对象。在定义抽象类时，要在关键字 class 前面加上关键字 abstract，语法格式如下：

```
abstract class 类名{
    类体
}
```

例如，定义一个名称为 Fruit 的抽象类：

```
abstract class Fruit {    //定义抽象类
    public String color;    //定义颜色成员变量
    public Fruit(){    //定义构造方法
        color = "绿色";    //对变量 color 进行初始化
    }
}
```

在抽象类中创建的、没有实现的、必须要子类重写的方法称为抽象方法。抽象方法只有方法的声明而没有方法的实现，用关键字 abstract 进行修饰，语法格式如下：

abstract <方法返回值类型> 方法名(参数列表);

方法返回值类型：用于指定方法的返回值类型，如果该方法没有返回值，可以使用关键字 void 进行标识。

方法名：用于指定抽象方法的名称。

参数列表：用于指定方法中所需的参数，可省略。当存在多个参数时，各参数之间应使用逗号分隔。

在抽象类中添加一个抽象方法，可使用如下语句：

abstract <方法返回值类型> 方法名(参数列表);

包含一个或多个抽象方法的类必须被声明为抽象类。这是因为抽象方法没有定义方法的实现部分，如果不声明为抽象类，这个类将可以生成对象，这时当用户调用抽象方法时，程序就不知道如何处理了。

【例4-7】 抽象类应用示例。

```
abstract class Shape{    //定义一个抽象类Shape
    public int x,y;    //x、y为画图的坐标
    public int width,height;
    public Shape(int x,int y,int width,int height){
        this.x=x;
        this.y=y;
        this.width=width;
        this.height=height;
    }
    abstract double area();    //求图形面积的抽象方法
    abstract double perimeter();    //求图形周长的抽象方法
}
class Rect extends Shape{    //由抽象类Shape派生的子类——矩形类
    public double area(){return(width*height);}    //实现父类中的抽象方法
    public double perimeter(){return(2*width+2*height);}
    public Rect(int x,int y,int width,int height){
        super(x,y,width,height);
    }
}
class Triangle extends Shape {    //由抽象类Shapes派生的子类——三角形类
    public double c;    //斜边
    public double area(){return(0.5*width*height);}    //实现父类中的抽象方法
    public double perimeter(){return(width+height+c);}
    public Triangle(int x,int y,int base,int height){
        super(x,y,base,height);
        c=Math.sqrt(width*width+height*height);
    }
}
class Circle extends Shape{    //由抽象类Shape派生的子类——圆类
    double r;    //半径
    double area(){return(r*r*Math.PI);}    //实现父类中的抽象方法
    public double perimeter(){return(2*Math.PI*r);}
    public Circle(int x,int y,int width,int height){
        super(x,y,width,height);
        r=(double)width/2.0;
    }
}
public class C4_7 {
    public static void main(String[] args) {
        Rect rect=new Rect(50,150,250,250);
        Triangle tri=new Triangle(50,500,80,40);
        Circle cir=new Circle(50,900,250,250);
        System.out.println("矩形定位点坐标为:("+rect.x+","+rect.y+")");
        System.out.println("矩形面积为:"+rect.area());
        System.out.println("矩形周长为:"+rect.perimeter());
```

```
            System.out.println("三角形定位点坐标为:("+tri.x+","+tri.y+")");
            System.out.println("三角形面积为:"+tri.area());
            System.out.println("三角形周长为:"+tri.perimeter());
            System.out.println("圆形定位点坐标为:("+cir.x+","+cir.y+")");
            System.out.println("圆形面积为:"+cir.area());
            System.out.println("圆形周长为:"+cir.perimeter());
        }
    }
```

 注意：抽象方法不能使用 private 或 static 关键字进行修饰。

4.3.2 final 类

使用关键字 final 修饰的类称为 final 类，该类不能被继承，即不能有子类。有时为了程序的安全性，可以将一些重要的类声明为 final 类。例如，Java 语言提供的 System 类和 String 类都是 final 类。

定义 final 类的语法格式如下：

```
final class 类名{
    类体
}
```

4.4 接口

4.4.1 接口的作用

接口的引入是为了实现多继承。它是抽象类的一种，只包含常量和方法的定义，而没有变量和方法的实现，且其方法都是抽象方法。接口的用处体现在下面几个方面：

1）通过接口实现不相关类的相同行为，而无须考虑这些类之间的关系。
2）通过接口指明多个类需要实现的方法。
3）通过接口了解对象的交互界面，而无须了解对象所对应的类。

4.4.2 接口的声明

Java 语言使用关键字 interface 来定义接口。接口定义与类的定义类似，也是分为接口的声明和接口体，其中接口体由常量定义和方法定义两部分组成，其语法格式如下：

```
[修饰符] interface 接口名 [extends 父接口名列表]{
    [public][static][final] 数据类型 成员变量=常量值;
    [public][abstract] 返回值类型 成员方法[(参数列表)];
}
```

修饰符：用于指定接口的访问权限，可选值为 public。如果省略则使用默认的访问权限。

接口名：用于指定接口的名称，必须是合法的 Java 标识符。一般情况下，要求首字母大写。

extends 父接口名列表：可选参数，用于指定要定义的接口继承于哪个父接口。当使用

extends 关键字时，父接口名为必选参数。

方法：接口中的方法只有定义而没有被实现。

例如，定义一个 Calculate 接口，在该接口中定义一个常量 PI 和两个方法，语句如下：

```
public interface Calculate{
    final float PI =3.14159f;
    float getArea(float r);
    float getCircumference(float r);
}
```

4.4.3 接口的实现

在类中实现接口时，方法的名字、返回值类型、参数的个数及类型必须与接口中的完全一致，并且必须实现接口中的所有方法。

用关键字 implements 声明一个类将实现指定接口，语法格式如下：

[修饰符] class 类 <泛型> [extends 父类] [implements 接口列表]

一个类可以实现一个或多个接口，如果一个类实现多个接口，则生命是必须用逗号分隔每个接口名。

例如，创建实现 Calculate 接口的 Circle 类，可以使用如下语句：

```
public class Cire implements Calculate{
    public float getArea(float r){    //实现计算圆面积的方法
        float area = PI * r * r;    //计算圆面积并赋值给变量 area
        return area;    //返回计算后的圆面积
    }
    public float getCircumference(float r){    //实现计算圆周长的方法
        float circumference = 2 * PI * r;    //计算圆周长并赋值给变量 circumference
        return circumference;    //返回计算后的圆周长
    }
}
```

每个类只能实现单重继承，而实现接口时，则可以一次实现多个接口，每个接口间使用逗号","分隔。这时就可能出现常量或方法名冲突的情况。解决该问题时，如果是常量冲突，则需要明确指定常量的接口，可以通过"接口名.常量"实现；如果是方法冲突，则只要实现一个方法即可。

【例4-8】将例4-7改写为接口程序。

```
interface Shape{    //定义一个接口 Shape
    double area();    //求图形面积的抽象方法
    double perimeter();    //求图形周长的抽象方法
}
class Rect implements Shape{    //实现 Shape 接口的类——矩形类
    public int x,y;
    public int width,height;
    public double area(){return(width * height);}    //实现接口中的方法
    public double perimeter(){return(2 * width + 2 * height);}
```

```java
    public Rect(int x,int y,int width,int height){
        this.x=x;
        this.y=y;
        this.width=width;
        this.height=height;
    }
}
class Triangle implements Shape{    //实现 Shape 接口的类——三角形类
    public int x,y;
    public int width,height;
    public double c;    //斜边
    public double area(){return(0.5*width*height);}    //实现接口中的方法
    public double perimeter(){return(width+height+c);}
    public Triangle(int x,int y,int base,int height){
        this.x=x;
        this.y=y;
        width=base;
        this.height=height;
        c=Math.sqrt(width*width+height*height);
    }
}
class Circle implements Shape{    //实现 Shape 接口的类——圆类
    public int x,y;
    public int width,height;
    double r;    //半径
    public double area(){return(r*r*Math.PI);}    //实现接口中的方法
    public double perimeter(){return(2*Math.PI*r);}
    public Circle(int x,int y,int width,int height){
        this.x=x;
        this.y=y;
        this.width=width;
        this.height=height;
        r=(double)width/2.0;
    }
}
public class C4_8{    //定义公共主类
    public static void main(String[] args) {
        Rect rect=new Rect(50,150,250,250);
        Triangle tri=new Triangle(50,500,80,40);
        Circle cir=new Circle(50,900,250,250);
        System.out.println("矩形定位点坐标为:("+rect.x+","+rect.y+")");
        System.out.println("矩形面积为:"+rect.area());
        System.out.println("矩形周长为:"+rect.perimeter());
        System.out.println("三角形定位点坐标为:("+tri.x+","+tri.y+")");
        System.out.println("三角形面积为:"+tri.area());
        System.out.println("三角形周长为:"+tri.perimeter());
        System.out.println("圆形定位点坐标为:("+cir.x+","+cir.y+")");
```

```
            System.out.println("圆形面积为:"+cir.area());
            System.out.println("圆形周长为:"+cir.perimeter());
        }
    }
```

4.5 内部类

内部类是指在一个外部类的内部再定义一个类。内部类作为外部类的一个成员，并且依附于外部类而存在的。内部类可为静态，可用 protected 和 private 修饰（而外部类不可以，只能使用 public 和 default 修饰）。

内部类有以下 4 种形式：
1) 成员内部类。
2) 局部内部类。
3) 静态内部类。
4) 匿名内部类。

4.5.1 成员内部类

成员内部类和成员变量一样，属于类的全局成员。例如：

```
public class Sample{
    public int id;    //成员变量
    class Inner{    //成员内部类
        ...
    }
}
```

> **注意**：成员变量 id 定义为公有属性 public，但是内部类 Inner 不可以使用 public 修饰符，因为公共类的名称必须与类文件同名，所以每个 Java 类文件中只允许存在一个 public 公共类。

Inner 内部类和变量 id 都被定义为 Sample 类的成员，但是 Inner 成员内部类的使用要比 id 成员变量复杂一些。例如：

```
Sample sample = new Sample();
Sample.Inner inner = sample.new Inner();
```

只有创建了成员内部类的实例，才能使用成员内部类的变量和方法。

成员内部类具有以下两个优点：
1) 内部类作为外部类的成员，可以访问外部类的私有成员或属性（即使将外部类声明为 private，但是对于处于其内部的内部类还是可见的）。
2) 用内部类定义在外部类中不可访问的属性，这样就在外部类中实现了比外部类的 private 还要小的访问权限。

【例 4-9】成员内部类示例。

```
public class C4_9{
```

```java
        public static void main(String [] args){
            OuterB out = new OuterB();
            OuterB.InnerB in = out.new InnerB();
            in.test();
        }
    }
    class OuterB{
        private String name;
        static int length;
        String s1;
        static String s2;
        public void abc(){
            //InnerB in = new InnerB();
            InnerB in = this.new InnerB();
            in.test();
        }
        class InnerB{
            String s1;
            String s2;
            //static int i;
            public void test(){
                System.out.println(name);
                System.out.println(length);
                System.out.println(s1);
                System.out.println(s2);
                System.out.println(OuterB.this.s1);   //访问外部类中同名的实例属性
                System.out.println(OuterB.s2);        //访问外部类中同名的静态属性
            }
        }
    }
}
```

4.5.2 局部内部类

在方法中定义的内部类称为局部内部类，其有效范围只在方法内部有效。与局部变量类似，在局部内部类前不加修饰符 public 和 private，其范围为定义它的代码块，例如：

```java
public void sell() {
    class Apple {   //局部内部类
        ...
    }
}
```

局部内部类可以访问它的创建类中的所有成员变量和成员方法，包括私有方法。

【例 4-10】局部内部类示例。

```java
public class C4_10 {
    public static void main(String [] args){
        OuterC out = new OuterC();
```

```java
            InterfaceA inter = out.test();
            inter.inner();
            Super s = out.test2();
            s.abc();
        }
    }
    class OuterC{
        public Super test2(){
            final int length = 100;    //必须是final的
            class InnerI extends Super{
                void abc(){
                    System.out.println(length);
                    System.out.println("嘿嘿");
                }
            }
            return new InnerI();
        }
        public InterfaceA test(){
            class InnerC implements InterfaceA{
                public void inner(){
                    System.out.println("哈哈,降温了!");
                }
            }
            return new InnerC();
        }
    }
    interface InterfaceA{
        void inner();
    }
    abstract class Super{
        abstract void abc();
    }
```

> **注意**:在类外不可直接生成局部内部类(保证局部内部类对外是不可见的)。

要想使用局部内部类时需要生成对象,用对象调用方法,在方法中才能调用其局部内部类。

通过内部类和接口达到一个强制的弱耦合,用局部内部类来实现接口,并在方法中返回接口类型,使局部内部类不可见,屏蔽实现类的可见性。

4.5.3 静态内部类

静态内部类和静态变量类似,都使用 static 关键字修饰,所以在学习静态内部类之前,必须熟悉静态变量的使用。

生成(new)一个静态内部类不需要外部类成员,这是静态内部类和成员内部类的区别。静态内部类的对象可以直接生成，例如：

```
Outer.Inner in = new Outer.Inner();
```

而不需要通过生成外部类对象来生成。这样实际上使静态内部类成为一个顶级类。

静态内部类不可用 private 来进行定义。例如：

```
public class Sample {
    ...
    static class Apple {   //静态内部类
        ...
    }
}
```

静态内部类可以在不创建 Sample 类的情况下直接使用。

【例 4-11】静态内部类示例。

```
public class C4_11 {
    public static void main(String [] args){
        OuterA.InnerA in = new OuterA.InnerA("hello");
        in.test();
    }
}
class OuterA{
    private String name;
    private static int length;
    static String str;
    public void abc(){
        InnerA i = new InnerA("");
        i.test();
    }
    static class InnerA{
        String str;
        public InnerA(String str){
            this.str = str;
        }
        public void test(){
            //System.out.println(name);    //只能直接访问外部类中的静态成员
            System.out.println(length);
            System.out.println(str);
            System.out.println(OuterA.str);   //访问外部类中的同名的静态属性
        }
    }
}
```

> **注意**：当类与接口（或者是接口与接口）发生方法命名冲突的时候，此时必须使用内部类来实现。用接口不能完全实现多继承，用接口配合内部类才能实现真正的多继承。

4.5.4 匿名内部类

匿名内部类就是没有名称的内部类，是一种特殊的局部内部类，它是通过匿名类实现接口，经常被应用于 Swing 程序设计中的事件监听处理。

例如，IA 被定义为接口：

IA I = new IA(){};

匿名内部类的特点如下：

1) 一个类用于继承其他类或是实现接口，并不需要增加额外的方法，只是对继承方法的实现或是覆盖。

2) 只是为了获得一个对象实例，不需要知道其实际类型。

3) 类名没有意义，也就是不需要使用到。

例如，创建一个匿名的 Apple 类，可以使用如下语句：

```
public class Sample {
    public static void main(String[] args) {
        new Apple() {
            public void introduction() {
                System.out.println("这是一个匿名类,但是谁也无法使用它。");
            }
        }
    }
}
```

> **注意**：一个匿名内部类一定是在 new 的后面，用其隐含实现一个接口或实现一个类，没有类名，根据多态（4.9节），使用其父类名。因其为局部内部类，那么局部内部类的所有限制都对其生效。匿名内部类是唯一一种无构造方法类，大部分匿名内部类是用于接口回调用的。匿名内部类在编译的时候由系统自动起名 Out $1.class。如果一个对象编译时的类型是接口，那么其运行的类型为实现这个接口的类。因匿名内部类无构造方法，所以其使用范围非常有限。当需要多个对象时使用局部内部类，因此局部内部类的应用相对比较多。匿名内部类中不能定义构造方法。如果一个对象编译时的类型是接口，那么其运行的类型为实现这个接口的类。

4.6 其他修饰符

4.6.1 final 关键字

（1）final 类 当将 final 关键字用于类身上时，需要仔细考虑，因为一个 final 类是无法被任何人继承的，那也就意味着此类在一个继承树中是一个叶子类，并且此类的设计已被认为很完美而不需要进行修改或扩展。对于 final 类中的成员，可以定义其为 final，也可以不是 final。final 类与普通类的使用几乎没有差别，只是它失去了被继承的特性。

（2）final 成员 当在类中定义变量时，在其前面加上 final 关键字，那便是说这个变量一旦被初始化便不可改变，这里不可改变的意思对基本类型来说是其值不可变，而对于对象变量来说其引用不可再变。其初始化可以在两个地方，一是其定义处，也就是说在 final 变量定义时直接给其赋值，二是在构造函数中。这两个地方只能选其一，要么在定义时给值，要么在构造函数中给值，不能同时既在定义时给了值，又在构造函数中给另外的值。

【例 4-12】 final 的应用。

```
import java.util.List;
import java.util.ArrayList;
import java.util.LinkedList;
public class C4_12{
    final PI = 3.14;       //在定义时便给赋值
    final int i;           //因为要在构造函数中进行初始化,所以此处便不可再给值
    final List list;       //此变量也与上面的一样
    Bat(){
        i = 100;
        list = new LinkedList ();
    }
    Bat(int ii,List l){
        i = ii;
        list = l;
    }
    public static void main(String [] args){
        Bat b = new Bat();
        b.list.add(new Bat());
        //b.i = 25;
        //b.list = new ArrayList();
        System.out.println("I = " + b.i + "List Type:" + b.list.getClass());
        b = new Bat(23,new ArrayList ());
        b.list.add(new Bat());
        System.out.println("I = " + b.i + " List Type:" + b.list.getClass());
    }
}
```

此程序很简单地演示了 final 的常规用法。在这里使用在构造函数中进行初始化的方法，从而增加了一点灵活性。如 Bat 的两个重载构造函数所示，第一个缺省构造函数会提供默认的值，重载的那个构造函数会根据所提供的值或类型为 final 变量初始化。然而有时并不需要这种灵活性，只需要在定义时便给定其值并永不变化，这时就不要再用这种方法。在方法 main() 中有两行语句注释掉了，如果去掉注释，程序便无法通过编译，这便是说，不论是 i 的值或是 list 的类型，一旦初始化，确实无法再更改。然而 b 可以通过重新初始化来指定 i 的值或 list 的类型，输出结果中显示了这一点：

```
I = 100 List Type:class java.util.LinkedList
I = 23 List Type:class java.util.ArrayList
```

4.6.2 this 关键字

this 关键字只能在方法内部使用，表示对"调用方法的那个对象"的引用。如果在方法

内部调用同一个类的另一个方法,就不必使用 this 关键字,直接调用即可。

【例 4-13】 this 的应用示例。

```
public class C4_13{
    void use(){}
    void calluse(){use();}   //this.use(),编译器会自动添加
}
//思考:如果有同一类型的两个对象,分别是 a 和 b,如何才能让这两个对象都能调用方法 peel()
class Banana{void peel(int i){}}
public class BananaTest{
    Banana a = new Banana(),b = new Banana();
//实际上,编译器暗自把"所操作对象的引用"作为第一个参数传给了方法 peel()
    a.peel(1);    //Banana.peel(a,1),发送消息给对象
    b.peel(2);    //Banana.peel(b,2)
}
//如果想返回对当前对象的引用
public class TestControl{
    int i = 0;
    TestControl increment(){
        i++;
        return this;
    }
}
//如果想把当前对象传递给其他方法
class Peeler{
    static Apple peel(Apple apple){
        ...
        return apple;
    }
}
class Apple{
    Apple getPeeled(){return Peeler.peel(this);}
}
```

4.6.3 static 关键字

两种情况下会用到 static 关键字:一种情况是,只想为某特定数据分配一块内存空间,不需要考虑创建多少对象,设置无须创建对象;另一种情况是,不希望这个方法与包含它的类的任何一个实例关联在一起,也就是说,不创建对象,一样可以使用这个方法。通过 static 关键字即可达到这样的目的,无须为某个类创建任何对象,即可调用其 static 数据和 static 方法。但因为没有创建对象,不能在 static 方法里调用任何非 static 数据和方法。

例如,对于 i:

```
class StaticTest{
    static int i = 54;
}
StaticTest st1 = new StaticTest();
```

```
StaticTest st2 = new StaticTest();
//st1.i 与 st2.i 指向同一个储存空间
```

  static 作用于方法，差别没有 static 数据那个大，只是能在不创建对象的情况下即可使用。与其他方法一样，static 方法可以创建和使用与其类型相同的被命名对象。因此，static 方法常被用来充当"牧羊人"的角色，负责看护与其隶属同一类型的实例群。

4.7 包

  由于 Java 编译器为每个类生成一个字节码文件，且文件名与类名相同，因此同名的类有可能发生冲突。为了解决这一问题，Java 提供包来管理类名空间。利用包可以实现将程序中的相关类和接口或子包组合在一起并统一命名，从而形成一个独立的外编译。一个包即为一个小型类库。

4.7.1 包及其创建

  包（Package）是 Java 提供的一种区别类的命名空间的机制，是类的组织方式，是一组相关类和接口的集合，它提供了访问权限和命名的管理机制。Java 中提供的包主要有以下 3 种用途：

  1) 将功能相近的类放在同一个包中，可以方便查找与使用。
  2) 由于在不同包中可以存在同名类，所以使用包在一定程度上可以避免命名冲突。
  3) 在 Java 中，某次访问权限是以包为单位的。
  创建包可以通过在类或接口的源文件中使用 package 语句实现，语法格式如下：

```
package 包名;
```

  包名：用于指定包的名称，必须为合法的 Java 标识符。当包中还有子包时，可以使用"包1. 包2. …. 包n"进行指定，其中，包1 为最外层的包，而包n 则为最内层的包。
  引用包的语句格式如下：

```
import pkg1[.pkg2[.pkg3...]].(类名);
```

4.7.2 使用包中的类

  类可以访问其所在包中的所有类，还可以使用其他包中的所有 public 类。访问其他包中的 public 类可以有以下两种方法：
  1) 使用长名引用包中的类。该方法比较简单，只需要在每个类名前面加上完整的包名即可。例如，创建 Round 类（保存在 com. lzw 包中）的对象并实例化该对象的语句如下：

```
com.lzw.Round round = new com.lzw.Round();
```

  2) 使用 import 语句引入包中的类。由于采用使用长名引用包中的类的方法比较烦琐，所以 Java 提供了 import 语句来引入包中的类。import 语句的基本语法格式如下：

```
import 包名1[.包名2...].类名[ * ];
```

  当存在多个包名时，各个包名之间使用"."分隔，同时包名与类名之间也使用"."分隔。" * "表示包中所有的类。

例如，引入 com.lzw 包中的 Round 类的语句如下：

import com.lzw.Round;

可以引入该包下的全部类：

import com.lzw.*;

4.7.3 默认包

Java 默认包中的 public 类是不能在其他包中直接调用的。首先，总结一下默认包中类的使用范围：Java 默认包中的类可以实例化其他包中的 public 类，但是其他包中的类是不能显式实例化默认包中的类，这个特性在 JDK 1.4 以后的版本成立；其次，可以通过反射来访问默认包中的类。

4.7.4 编译时类路径具体化

类加载的过程，类本身是保存在文件中（字节码文件保存着类的信息）的，Java 通过 I/O 流把类的文件（字节码文件）读入 Java 虚拟机，这个过程称为类的加载。Java 虚拟机通过类路径（CLASSPATH）来找要加载的字节码文件。类变量在加载时自动初始化，初始化规则和实例变量相同。

4.7.5 访问权限

类、数据成员和成员方法的访问控制符及其作用见表 4-1。

1) public：任何类都可以访问到。

2) private：只有类本身内部的方法可以访问类的 private 属性，当然内部类也可以访问其外部类的 private 成员的。

3) friendly（默认）：包级可见，同一个包内的类可以访问到这个属性，可以直接使用 className.propertyName 来访问，但是从类的封装性特性来说很少这样使用类的属性的。

4) protected：子类可以访问。

表 4-1 类、数据成员和成员方法的访问控制符及其作用

数据成员与方法 \ 类	public	默认
public	所有类	包中类（含当前类）
private	当前类本身	当前类本身
friendly（默认）	包中类（含当前类）	包中类（含当前类）
protected	包中类（含当前类），所有子类	包中类（含当前类）

4.8 继承

4.8.1 继承的基本概念

继承是面向对象程序设计的又一种重要手段。在面向对象程序设计中，采用继承机制可以有效地组织程序结构，设计系统中的类，明确类之间的关系，充分利用已有的类来创建更复杂的类，从而大大提高程序开发的效率及代码的复用率，降低维护的工作量。

1. 继承的概念

继承所表达的就是一种对象类之间的相交关系，它使得某类对象可以继承另外一类对象的数据成员和成员方法。继承避免了对一般类和特殊类之间共同特征进行的重复描述，运用继承原则使得系统模型比较简练，也比较清晰。被继承的类称为父类，继承父类的类称为子类。执行继承时，子类将获得父类的属性，并可以具有自身特有的属性。

父类与子类之间的关系如图 4-1 所示。

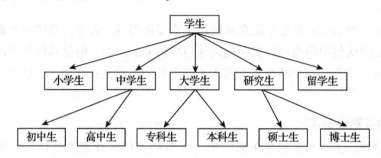

图 4-1　父类与子类的关系

2. 继承的特征

1) 继承关系是传递的。
2) 简化了人们对事物的认识和描述，能清晰体现相关类间的层次结构关系。
3) 提供软件复用功能。
4) 通过增强一致性来减少模块间的接口和界面，大大增加程序的易维护性。
5) 类的继承是单重的，即一个类不能继承两个或两个以上的类。

4.8.2　继承的实现

1. Java 中继承的实现

在 Java 程序设计中，继承是通过 extends 关键字来实现的。

例如，声明一个类继承父类，通常形式如下：

```
class SubclassName extends SuperclassName{
    …　//类体
}
```

说明：

1) 上面的 SubclassName 是子类名，SuperclassName 是父类名。
2) 没有 extends，默认父类为 Object。

2. 子类继承父类的非 private 成员

【例 4-14】成员继承示例。

```
class P1{
    private int a = 10;   //私有访问权限的数据成员 a
    int b =100;    //默认访问权限的数据成员
}
public class C4_14 extends P1{    //类 C4_14 是类 P1 的子类
    public static void main(String[] args){    /* 在 static 类型的方法中可以通过在
```

方法内部定义的对象访问非 static 类型但数据成员 */
          C4_14 obj = new C4_14();   //此时的 obj 相当于方法 main()中的局部对象
          System.out.println("obj.b = " + obj.b);   //正确,可以直接引用父类非私有数据成员
          //System.out.println("obj.a = " + obj.a);   //错误,不能引用父类的私有成员
      }
}

3. 数据成员的隐藏

在子类中重新定义一个与父类中已定义的数据成员名完全相同的数据成员,即子类拥有了两个相同名字的数据成员,一个是继承父类的,另一个是自己定义的。当子类引用这个同名的数据成员时,默认操作是引用它自己定义的数据成员,而把从父类那里继承来的数据成员"隐藏"起来。当子类要操作继承自父类的同名数据成员时,可使用关键字 super 引导。

【例 4-15】数据成员隐藏示例。

```
class P1{
    static int nn = 100;
}
public class C4_15 extends P1{    //类 C4_15 是类 P1 的子类
    static int nn = 200;
    public static void main(String[] args){
        P1 obj = new P1();    //创建父类对象
        System.out.println("父类中的 nn = " + obj.nn);    //引用父类中的成员
        System.out.println("子类中的 nn = " + nn);    //子类的成员隐藏了父类数据成员
    }
}
```

4. 成员方法的继承

子类可以继承父类的非私有成员方法。

【例 4-16】成员方法继承示例。

```
class P1{
    static void f1(){
      System.out.println("f1 in P1 is referenced!");
    }
    private static void f2(){
      System.out.println("f2 in P1 is referenced!");
    }
}
public class C4_16 extends P1{    //类 C4_16 是类 P1 的子类
    public static void main(String[] args){
        f1();    //正确,子类可以继承父类非私有方法
        //f2();    //错误引用,因为方法 f2()具有 private 访问权限
    }
}
```

5. 成员方法的覆盖

子类可以重新定义与父类同名的成员方法,实现对父类方法的覆盖。方法的覆盖与数据

成员的隐藏的不同之处在于：子类隐藏父类的数据成员只是使之不可见，父类同名的数据成员在子类对象中仍然占有自己独立的内存空间；而子类方法对父类同名方法的覆盖将清除父类方法占用的内存，从而使父类方法在子类对象中不复存在。

【例4-17】 成员方法覆盖示例。

```java
class P1{
    static void f1(){
        System.out.println("f1 in P1 is referenced!");
    }
}
public class C4_17 extends P1{    //类C4_17是类P1的子类
    static void f1(){    //重新定义父类中的方法f1()
        System.out.println("f1 in C4_17 is referenced!");
    }
    public static void main(String[] args){
        P1 obj = new P1();
        f1();      //引用子类方法f1(),覆盖父类方法f1()
        obj.f1();  //引用父类方法f1()
    }
}
```

4.8.3 this 和 super 引用比较

1. this 的使用

在一些容易混淆的场合，例如，成员方法的形参名与数据成员名相同，或者成员方法的局部变量名与数据成员名相同时，在方法内借助 this 关键字来明确表示引用的是类的数据成员，而不是形参或局部变量，从而提高程序的可读性。简单地说，this 代表了当前对象的一个引用，可将其理解为对象的另一个名字，通过这个名字可以顺利地访问对象、修改对象的数据成员、调用对象的方法。归纳起来，this 的使用场合有以下3种：

1) 访问当前对象的数据成员。其使用形式如下：

this.数据成员

2) 访问当前对象的成员方法。其使用形式如下：

this.成员方法(参数)

3) 重载时用来引用同类的其他构造方法。其使用形式如下：

this.(参数)

【例4-18】 this 使用示例1。

```java
public class C4_18 {
    int x1 =10,x2 =20;
    void f1(){
        System.out.println("this.x1 = " +this.x1);    //利用this引用本类数据成员x1
        System.out.println("x2 = " +x2);    //直接引用本类数据成员x2
    }
```

```
    void f2(){
      this.f1(); //利用 this 引用本类中的成员方法
    }
    public static void main(String[] args){
        C4_18 obj = new C4_18();
        obj.f2();
    }
}
```

【例 4-19】 this 使用示例 2。

```
public class C4_19 {
    public static void main(String[] args){
        double x;
        Circle cir = new Circle(50);
        x = cir.area();
        System.out.println("圆的面积 = " + x);
        x = cir.perimeter();
        System.out.println("圆的周长 = " + x);
    }
}
class Circle {
    double r;                          //定义半径
    final double PI = 3.14;            //定义圆周率
    public Circle(double r){           //类的构造方法
        this.r = r;                    //利用 this 引用本类数据成员 r
    }
    double area() {                    //计算圆面积的方法
        return PI * r * r;
    }                                  //通过构造方法给 r 赋值
    double perimeter() {               //计算圆周长的方法
        return 2 * (this.area()/r);    //利用 this 获取圆的面积
    }
}
```

2. super 的使用

super 表示的是当前对象的直接父类对象，是当前对象的直接父类对象的引用。其使用方法有以下 3 种：

1）用来访问直接父类隐藏的数据成员。其使用形式如下：

super.数据成员

2）用来调用直接父类中被覆盖的成员方法。其使用形式如下：

super.成员方法(参数)

3）用来调用直接父类的构造方法。其使用形式如下：

super(参数)

【例 4-20】 super 使用示例。

```java
class P1{
    int x =10;int y =20;
    public void f1() {
        System.out.println("x = " +x+ " y = " +y);
    }
}
public class C4_20 extends P1{
    int x =30;
    public void f1(){
        int z = super.x +60;    //引用父类(即 P1 类)的数据成员
        super.f1();    //调用父类(即 P1 类)的成员方法
        System.out.println("z = " +z+ " x = " +x);    //打印子类的数据成员
    }
    public static void main(String arg[]) {
        int k;
        P1 obj1 = new P1();
        C4_20 obj2 = new C4_20();
        obj1.f1();
        obj2.f1();
        //super.Printme();    //错误,在 static 方法中不能使用 super 引用成员方法
        //k = super.x +23;    //错误,在 static 方法中不能使用 super 引用数据成员
    }
}
```

封装与继承的关系如下:

1) 其实这两个概念并没有实质性的冲突，在面向对象系统中，封装性主要指的是对象的封装性，即将属于某一类的一个具体的对象封装起来，使其数据和操作成为一个整体。

2) 继承机制的引入丝毫没有影响对象的封装性。

4.8.4 接口的继承

接口不能继承类，但可以 extends 多个接口。接口不用 implements 关键字。如果父类是抽象类，并且有抽象方法，那么子类必须重写父类的抽象方法，或者子类声明为抽象类；如果父类是个普通类，那么不是必须重写父类的方法。一个类如果实现了某个接口，那么此类必须实现接口中的所有方法，或者此类声明为抽象类。

抽象类中的非抽象方法不用重写，其他必须重写。接口的方法必须重写；接口和抽象类中只有方法名，没有定义的，如果不定义就是空方法。接口就是为了弥补 Java 不能多重继承，针对的是对象而不是实现，实现的部分可以交由对象去实现。

接口可以被类实现也可以被其他接口继承。在类中实现接口可以使用关键字 implements，其语法格式如下:

```
[修饰符] class <类名> [extends 父类名][implements 接口列表]{
    ...
}
```

修饰符：可省略。

extends 父类名：可选参数

implements 接口列表：可选参数，用于指定该类实现哪些接口。当接口列表中存在多个接口名时，各个接口名之间使用逗号分隔。

下面是一个关于 Java 的接口继承的程序示例：

```java
interface Playable {
    void play();
}
interface Bounceable {
    void play();
}
interface Rollable extends Playable, Bounceable {
    Ball ball = new Ball("PingPang");
}
class Ball implements Rollable {
    private String name;
    public String getName() {
        return name;
    }
    public Ball(String name) {
        this.name = name;
    }
    public void play() {
        ball = new Ball("Football");
        System.out.println(ball.getName());
    }
}
```

【例 4-21】将前面例 4-8 改写为既有继承类又有接口的程序。

```java
interface Shape{    //定义接口
    abstract double area();
    abstract double perimeter();
}
class Coordinate{    //定义父类
    int x,y;
    public Coordinate(int x,int y){
        this.x = x;
        this.y = y;
    }
}
class Rect extends Coordinate implements Shape{    /*定义继承 Coordinate 类,实现 Shape 接口的类——矩形类*/
    public int width,height;
    public double area(){return(width*height);}    //实现接口中的方法
    public double perimeter(){return(2*width+2*height);}
```

```java
        public Rect(int x,int y,int width,int height){
            super(x,y);
            this.width = width;
            this.height = height;
        }
    }
    class Triangle extends Coordinate implements Shape{    /*定义继承Coordinate类,实现Shape接口的类——三角形类*/
        public int width,height;
        public double c;
        public double area(){return(0.5 * width * height);}    //实现接口中的方法
        public double perimeter(){return(width + height + c);}
        public Triangle(int x,int y,int base,int height) {
            super(x,y);
            width = base;
            this.height = height;
            c = Math.sqrt(width * width + height * height);
        }
    }
    class Circle extends Coordinate implements Shape{    /*定义继承Coordinate类,实现Shape接口的类——圆类*/
        public int width,height;
        public double r;
        public double area(){return(r * r * Math.PI);}    //实现接口中的方法
        public double perimeter(){return(2 * Math.PI * r);}
        public Circle(int x,int y,int width,int height){
            super(x,y);
            this.width = width;
            this.height = height;
            r = (double)width/2.0;
        }
    }
    public class C4_21 {    //定义公共主类
        public static void main(String[] args) {
            Rect rect = new Rect(50,150,250,250);
            Triangle tri = new Triangle(50,500,80,40);
            Circle cir = new Circle(50,900,250,250);
            System.out.println("矩形定位点坐标为:(" + rect.x + "," + rect.y + ")");
            System.out.println("矩形面积为:" + rect.area());
            System.out.println("矩形周长为:" + rect.perimeter());
            System.out.println("三角形定位点坐标为:(" + tri.x + "," + tri.y + ")");
            System.out.println("三角形面积为:" + tri.area());
            System.out.println("三角形周长为:" + tri.perimeter());
            System.out.println("圆形定位点坐标为:(" + cir.x + "," + cir.y + ")");
            System.out.println("圆形面积为:" + cir.area());
            System.out.println("圆形周长为:" + cir.perimeter());
        }
    }
```

4.9 类的多态

多态（Polymorphism）是面向对象程序设计的一个重要特征。在现实生活中，多态的例子比较常见，如不同班级的同学在听到同一消息——上课铃响时，会做出不同的反应——跑向不同的教室。而在程序设计中，利用多态性可以设计和实现一个易于扩展的系统。

Java 中提供两种多态机制：重载与覆盖。

4.9.1 方法重载

在同一类中定义了多个同名而不同内容的成员方法时，这些方法称为重载（Overload）。重载的方法主要通过形式参数列表中参数的个数、参数的数据类型和参数的顺序等方面的不同来区分。在编译期间，Java 编译器检查每个方法所用的参数数目和类型，然后调用正确的方法。

【例 4-22】重载示例。

```
public class C4_22 {
    static int add(int x,int y)     //重载的方法 1
    {return(x+y);}
    static double add(double x,double y)     //重载的方法 2
    {return(x+y);}
    static double add(double x,double y, double z)     //重载的方法 3
    {return(x+y+z);}
    public static void main(String[] args) {
        System.out.println("两个整数之和是:" +add(18,12));   /* 重载的方法 1 的引用 */
        System.out.println("两个实数之和是:" +add(18.5,12.3));   /* 重载的方法 2 的引用 */
        System.out.println("三个实数之和是:" +add(18.5,12.3,15.2));   /* 重载的方法 3 的引用 */
    }
}
```

4.9.2 方法覆盖

由于面向对象系统中的继承机制，子类可以继承父类的方法。但是，子类的某些特征可能与从父类中继承来的特征有所不同，为了体现子类的这种个性，Java 允许子类对父类的同名方法重新进行定义，即在子类中定义与父类中已定义的相同名而内容不同的方法。这种多态称为覆盖（Override）。

由于覆盖的同名方法是存在于子类对父类的关系中，所以只须在方法引用时指明引用的是父类的方法还是子类的方法，就可以很容易地把它们区分开来。

【例 4-23】覆盖示例。

```
public class C4_23 extends Add3 {
    static int add(int x,int y)     //子类方法 add()
```

```
        {return(x+y);}
    public static void main(String[] args){
        Add3 obj=new Add3();
        System.out.println("调用父类add方法:"+obj.add(18,12));   /*引用父类方法add()*/
        System.out.println("调用子类add方法:"+add(180,120));   /*引用子类方法add()*/
    }
}
class Add3{
    static int add(int x,int y)   //父类方法add()
    {return(x+y);}
}
```

4.9.3 构造方法的重载与继承

1. 构造方法的重载

当一个类有几个构造方法时，这些构造方法是重载的。一个类的若干个构造方法之间可以相互调用。当一个构造方法需要调用另一个构造方法时，可以使用关键字 this，同时这个调用语句应该是整个构造方法的第一个可执行语句。使用关键字 this 来调用同类的其他构造方法，优点同样是可以最大限度地提高对已有代码的利用程度，提高程序的抽象度和封装性，减少程序的维护工作量。

【例 4-24】构造方法重载示例。

```
class Add{
    int x=10,y=20,z=30;
    //以下是多个同名不同参数的构造方法
    Add(int x)   //可重载的构造方法1
    {this.x=x;}
    Add(int x,int y){   //可重载的构造方法2
        this(x);   //当前构造方法调用可重载的构造方法1
        this.y=y;
    }
    Add(int x,int y,int z){   //可重载的构造方法3
        this(x,y);   //当前构造方法调用可重载的构造方法2
        this.z=z;
    }
    public int add()
    {return x+y+z;}
}
public class C4_24{
    public static void main(String[] args){
        Add obj1=new Add(100,200,300);
        Add obj2=new Add(100,200);
        Add obj3=new Add(100);
        System.out.println("obj1.add() = "+obj1.add());
```

```
            System.out.println("obj2.add() = " +obj2.add());
            System.out.println("obj3.add() = " +obj3.add());
        }
}
```

2. 构造方法的继承

子类可以继承父类的构造方法,但要遵循以下原则:

1) 子类无条件地继承父类的不含参数的构造方法。

2) 如果子类自己没有构造方法,那么父类也一定没有带参数的构造方法,此时子类将继承父类的无参数构造方法作为自己的构造方法;如果子类自己定义了构造方法,则在创建新对象时,它将先执行继承自父类的构造方法,然后再执行自己的构造方法。

3) 对于父类的含参数构造方法,子类可以通过在自己的构造方法中使用 super 关键字来调用它,但这个调用语句必须是子类构造方法的第一个可执行语句。

【例 4-25】 构造方法继承示例。

```
class Add{
    public int x =10,y =20,z =30;
    Add(int x)        //父类可重载的构造方法 1
    {this.x = x;}
    Add(int x,int y)  //父类可重载的构造方法 2
    {this.x = x; this.y =y;}
    Add(int x,int y,int z)    //父类可重载的构造方法 3
    {this.x = x; this.y =y; this.z = z;}
    publicint add()
    { return x +y + z;}
}
public class C4_25 extends Add {
    int a =100,b =200,c =300;
    C4_25(int x){    //子类可重载的构造方法 1
        super(x);    //继承父类构造方法 1
        a = x +7;
    }
    C4_25(int x,int y) {    //子类可重载的构造方法 2
        super(x,y);    //继承父类构造方法 2
        a = x +5; b = y +5;
    }
    C4_25(int x,int y,int z){    //子类可重载的构造方法 3
        super(x,y,z);    //继承父类构造方法 3
        a = x +4; b = y +4; c = z +4;
    }
    publicint add(){
        System.out.println("super: add() = " +super.add());
        return  a +b +c;
    }
    public static void main(String[] args){
        C4_25 obj1 = new C4_25(2,3,5);
```

```
        C4_25 obj2 = new C4_25(10,20);
        C4_25 obj3 = new C4_25(1);
        System.out.println("this: add() = " +obj1.add());
        System.out.println("this: add() = " +obj2.add());
        System.out.println("this: add() = " +obj3.add());
    }
}
```

本章小结

本章着重介绍 Java 编程中类和对象等非常重要的概念，以及继承、封装与多态的概念及实现方法，这些内容都是面向对象程序设计的重要内容，对实现面向对象程序设计具有重要意义。

Java 程序是由一个个类定义组成的，编写 Java 程序的过程就是从现实世界中抽象出 Java 可实现的类并用合适的语句定义它们的过程，这个定义过程包括对类中各种属性和方法的定义以及创建类的对象，也包括类间的各种关系和接口的定义。

方法是类的主要组成部分。在一个类中，程序的作用体现在方法中。方法是 Java 语言的基本构件。利用方法可以组成结构良好的程序。本章重点介绍了方法的构成规则和设计、使用方法的基本要点。

Java 的应用程序接口（API）包含大量的软件包库。通过本章节的学习，应该 Java 对面向对象程序设计基础有了比较深刻的理解。掌握面向对象的封装性、继承性、多态性这三大要素，能更好地帮助读者理解面向对象的思想。

习题 4

一、选择题

1. 下列各种类成员修饰符中，修饰的变量只能在本类中被访问的是（   ）。
   A. protected   B. public   C. default   D. private
2. 在 Java 语言中，（   ）包中的类是自动导入的。
   A. java.lang   B. java.awt   C. java.io   D. java.applet
3. 给出下面的程序代码：

```
public class X4_1_3 {
    private float a;
    public static void m( ){      }
}
```

   使成员变量 a 被方法 m( ) 访问的办法是（   ）。
   A. 将 private float a 改为 protected float a
   B. 将 private float a 改为 public float a
   C. 将 private float a 改为 static float a
   D. 将 private float a 改为 float a
4. 有一个类 B，下列为其构造方法的声明中，正确的是（   ）。

A. void B(int x){}   B. B(int x){}
   C. b(int x){}   D. void b(int x){}
5. 下列关于类的说法中，不正确的是（   ）。
   A. 类是同种对象的集合和抽象   B. 类属于 Java 语言中的复合数据类型
   C. 类就是对象   D. 对象是 Java 语言中的基本结构单位
6. 下列关于方法的说法中，不正确的是（   ）。
   A. Java 中的构造方法名必须和类名相同
   B. 方法体是对方法的实现，包括变量声明和合法语句
   C. 如果一个类定义了构造方法，也可以用该类的默认构造方法
   D. 类的私有方法不能被其他类直接访问
7. 关于内部类，下列说法中不正确的是（   ）。
   A. 内部类不能有自己的成员方法和成员变量
   B. 内部类可用 private 或 protected 修饰符修饰
   C. 内部类可以作为其他类的成员，而且可访问它所在的类的成员
   D. 除 static 内部类外，不能在类内声明 static 成员
8. 定义外部类时不能用到的关键字是（   ）。
   A. final   B. public   C. protected   D. abstract
9. 为某个类定义一个无返回值的方法 f( )，使得使用类名就可以访问该方法，则该方法头的形式为（   ）。
   A. abstract void f( )   B. public void f( )
   C. final void f( )   D. static void f( )
10. 要定义一个公有 double 型常量 PI，下列语句中最好的是（   ）。
    A. public final double PI;   B. public final static double PI = 3.14;
    C. public final static double PI;   D. public static double PI = 3.14;

二、填空题

1. _____是对事物的抽象，而_____是对对象的抽象和归纳。
2. 从用户的角度看，Java 源程序中的类分为两种：_____和_____。
3. 一个类主要包含两个要素：_____和_____。
4. 创建包时需要使用关键字_____。
5. 类中的_____方法是一个特殊的方法，该方法的方法名和类名相同。
6. 如果用户在一个自定义类中未定义该类的构造方法，系统将为这个类定义一个默认构造方法。这个方法没有_____，也没有任何_____，不能完成任何操作。
7. 静态数据成员被保存在类的内存区的_____单元中，而不是保存在某个对象的内存区中。因此，一个类的任何对象访问它时，存取到的都是_____（相同/不同）的数值。
8. 静态数据成员既可以通过_____来访问，也可以通过_____直接访问。
9. 定义常量时要用关键字_____，同时需要说明常量的_____并指出常量的_____。
10. 方法体内定义变量时，变量前不能加_____；局部变量在使用前必须_____，否则编译时会出错；而类变量在使用前可以不用赋值，它们都有一个_____的值。

11. static 方法中只能引用_____类型的数据成员和_____类型的成员方法；而非 static 类型的方法中既可以引用_____类型的数据成员和成员方法，也可以引用_____类型的数据成员和成员方法。

12. 引用 static 类型的方法时，可以使用_____作为前缀，也可以使用_____作为前缀。

13. 当程序中需要引用 java.awt.event 包中的类时，导入该包中类的语句为_____。

14. 定义类时需要_____关键字，继承类时需要_____关键字，实现接口时需要_____关键字。

三、编程题

1. 编一个程序，程序中包含以下内容。

1) 一个圆类（Circle），包含：

属性：圆半径 radius；常量 PI。

方法：构造方法；求面积方法 area( )；求周长方法 perimeter( )。

2) 主类（X4_3_1），包含：

主方法 main( )，在主方法中创建圆类的对象 c1 和 c2 并初始化，c1 的半径为 100，c2 的半径为 200，然后分别显示两个圆的面积和周长。

2. 编一个程序，程序中包含以下内容。

1) 一个学生类（Student），包含：

属性：学号 s_No，姓名 s_Name，性别 s_Sex，年龄 s_Age。

方法：构造方法，显示学号方法 showNo( )，显示姓名方法 showName( )，显示性别方法 showSex( )，显示年龄方法 showAge( )，修改年龄方法 modifyAge( )。

2) 主类（X4_3_2），包含：

主方法 main( )，在其中创建两个学生对象 s1 和 s2 并初始化，两个对象的属性自行确定，然后分别显示这两个学生的学号、姓名、性别、年龄，然后修改 s1 的年龄并显示修改后的结果。

第 5 章 数 组

学习目标

1. 掌握一维数组的定义和使用方法 (5.1)。
2. 掌握二维数组的定义和使用方法 (5.2)。

5.1 一维数组

数组对于每一门编程语言来说都是重要的数据结构之一，不同语言对数组的实现及处理也不尽相同。Java 语言中提供的数组是用来存储固定大小的同类型元素。可以声明一个数组变量，如 numbers[100] 来代替直接声明 100 个独立变量 number0、number1、……number99。本章为大家介绍 Java 数组的声明、创建和初始化，并给出数组常用操作的方法。

在 Java 程序中，数组具有下列特点：

1) 同一数组中的所有元素均属于相同的数据类型，该数据类型称为数组的基本类型。
2) 数组一经创建，其元素个数就保持不变，称为数组的长度。
3) 数组中的每一个元素均能借助于下标（Index）来访问。
4) 数组元素的类型既可以是基本类型（如 int、float 等），也可以是复合类型（如 String、Object，甚至数组类型），从而可以产生对象数组、多维数组。

5.1.1 一维数组的声明、创建与初始化

1. 声明一维数组

首先必须声明数组变量，才能在程序中使用数组。声明数组变量的语法格式如下：

```
dataType[] arrayRefVar;    //首选的方法
```

或

```
dataType arrayRefVar[];    //效果相同,但不是首选方法
```

例如：

```
int[] days;           //首选方法
int days[];           //非首选方法
bollean a1[],a2;      //a1 是 bollean 型的一维数组,a2 是 bollean 型变量
double[] a3,a4;       //a3 和 a4 都是 double 型的一维数组
```

2. 创建一维数组

创建数组实质上就是在内存中为数组分配相应的存储空间，其有两种方式：

1) 通过 new 关键字创建，这种方式创建的数组，元素初始值为默认值。语法格式如下：

```
arrayRefVar = new dataType[arraySize];
```

上面的语句做了两件事：第一，使用 dataType[arraySize] 创建了一个数组；第二，把新创建的数组的引用赋值给变量 arrayRefVar。例如：

```
days = new int[30];
int [] months = new int[12];
```

2) 可以通过"{ }"创建，这种方式将直接为每个元素赋值。例如：

```
boolean[] members = {false, true, true, false};   /*用第二种方式创建数组 members,
                                                    长度为4,元素初值已赋值 */
```

3. 一维数组的初始化

所谓数组的初始化即对已经定义好的数组元素赋值，分为静态初始化和动态初始化两种。

1) 静态初始化。定义数组的同时直接给数组元素赋值的方法就是静态初始化，如上面的 members 数组的定义、创建及初始化用一条语句完成。又如：

```
int[] scores = {23,-9,38,8,65};
```

2) 动态初始化。用关键字 new 为数组分配存储空间并对数组元素赋默认初始值。定义和创建完数组后，如果没有对数组元素进行初始化，则数组元素将采用对应于该元素类型的默认值，见表 5-1。

表 5-1 数组元素默认值

序号	元素数据类型	默认初值
1	boolean	false
2	char	'\u0000'
3	整型	0
4	浮点型	0.0
5	对象	null

如需要对元素值赋值，则采用如下方法进行初始化：

数组名[下标] = 值；

5.1.2 一维数组元素的引用

数组一经创建则长度固定，可以通过下标去引用每个元素。数组第 1 个元素、第 2 个元素、第 3 个元素的下标依次为 0、1、2，以此类推，最后一个元素的下标为数组长度值减 1。图 5-1 显示了包含 10 个元素的数组的下标值。

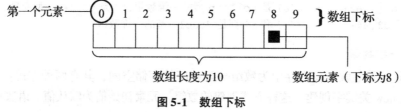

图 5-1 数组下标

数组元素引用的格式如下：

数组名[下标]

例如：

int [ ] a = new int[10];
int b = a[0] + a[9];

数组下标为从 0 到 9。如果调用了 a[10]，程序运行时将提示下面的异常：

java.lang.ArrayIndexOutOfBoundsException   //数组下标越界异常

5.1.3 一维数组应用举例

数组适合用来存储和处理同类型的一批数据。请看以下几个关于数组的应用示例。

【例 5-1】某同学参加了 4 门课程的考试，成绩分别为 83、74、92 和 89，按顺序依次打印输出数组的每个元素，并计算 5 门课程的总分、最高分和平均分。

```
public class C5_1{
  public static void main(String[] args){
    int [] scores = {83,74,92,89};    //声明、初始化数组
    int max = 0;    //变量 max,用来存储最大值
    int sum = 0;    //变量 sum,用来存储总分
    for(int i = 0;i < scores.length;i + +){    //计算
      System.out.println("第" +(i +1) + "门课的成绩是:" + scores[i]);
      if(scores[i] > max)
        max = scores[i];
      sum + = scores[i];
    }
    System.out.println("总分:" + sum);
    System.out.println("最高分:" + max);
    System.out.println("平均分:" + sum * 1.0/scores.length);    //注意"/"运算
  }
}
```

【例 5-2】对数列 10，20，80，30，60，90 进行降序排序（冒泡排序）。

```
public class C5_2{
  public static void main(String[] args){
    int [] x = {10,20,80,30,60,90};
    int temp;    //临时变量
    for(int i = 1;i < x.length;i + +)    //比较趟次
      for (int j = 0;j < x.length - i;j + +){    //在某趟中逐对比较
        if(x[j] < x[j +1]){    //如果后一项比前一项大,则交换位置
          temp = x[j];
          x[j] = x[j +1];
          x[j +1] = temp;
        }
      }
    for(int i = 0;i < x.length;i + +)
      System.out.print(x[i] + " ");    //遍历输出排好序的数组元素
```

        }
    }

【例 5-3】 用数组求解 Fibonacci 数列的前 10 项。

```java
public class C5_3 {
    public static void main(String[] args) {
        int i;
        int [] f = new int[10];    //创建数组 f,使其可存储 20 个整型数据
        f[0] = 1; f[1] = 1;
        for(i = 2; i < 10; i ++)
            f[i] = f[i-2] + f[i-1];    //数组元素的下标使用循环变量
        for(i = 0; i < 10; i ++) {
            if((i +1) % 6 == 0)    //实现输出结果换行
                System.out.print("\n");
            System.out.print(f[i] + "\t");
        }
        System.out.print("\n");
    }
}
```

5.2 二维数组

5.2.1 二维数组的声明与创建

Java 语言中的二维数组是一种特殊的一维数组,即数组的每个元素又是一个一维数组,Java 语言并不直接支持二维数组。声明二维数组的语法格式如下:

数组类型[ ][ ] 数组标识符;   //首选方法

或

数组类型 数组标识符[ ][ ];   //非首选方法

例如。分别声明一个 int 型和 boolean 型二维数组,具体语句如下:

int[ ][ ] days;
boolean holidays[ ][ ];

创建数组实质上就是在内存中为数组分配相应的存储空间,有两种方式,一种是通过 new 关键字创建,另一种是通过 "{ }" 创建,例如:

int[ ][ ] days = new int[2][3];
boolean holidays[ ][ ] = { { true, false, true }, { false, true, false } };

二维数组可以看作一个表格。例如上述的数组 days 看成一个 2 行 3 列的表格:

	列索引 0	列索引 1	列索引 2
行索引 0	days[0][0]	days[0][1]	days[0][2]
行索引 1	days[1][0]	days[1][1]	days[1][2]

当二维数组的每一个一维数组元素个数不同时,可以采用以下语句进行创建:

```
int[][] app = new int[3][];    //创建一个3行元素的二维数组,具体每行几个元素未知
app[0] = new int[3];           //第一行有3个元素
app[1] = new int[4];           //第二行有4个元素
app[2] = new int[5];           //第三行有5个元素
```

5.2.2 二维数组元素的引用

由于二维数组是数组元素为一维数组的一维数组,因此,二维数组元素的引用与一维数组类似,只应注意每一个行元素本身是一维数组。在访问数组中的元素时,需要同时指定数组标识符和元素在数组中的索引。例如,访问上面代码中创建的数组,语句如下:

```
System.out.println(days[1][2]);
System.out.println(holidays[1][2]);
```

如果是通过下面的方式获得二维数组的长度,得到的是二维数组的行数:

```
System.out.println(days.length);       //输出值为2
System.out.println(holidays.length);   //输出值为2
```

如果需要获得二维数组的列数,可以通过下面的方式:

```
System.out.println(days[0].length);     //输出值为3
System.out.println(holidays[0].length); //输出值为3
```

如果是通过"{ }"创建的数组,数组中每一行的列数也可以不相同,例如:

```
boolean holidays[][] = {
    {true,false,true},         //二维数组的第1行为3列
    {false,true},              //二维数组的第2行为2列
    {true,false,true,false}    //二维数组的第3行为4列
};
```

通过下面的方式得到的只是第1行拥有的列数:

```
System.out.println(holidays[0].length); //输出值为3
```

同样,如果需要获得二维数组中第2行和第3行拥有的列数,可以通过下面的方式:

```
System.out.println(holidays[1].length); //输出值为2
System.out.println(holidays[2].length); //输出值为4
```

5.2.3 二维数组应用举例

【例5-4】用二维数组存储九九乘法表中所有的数,然后输出。

```
public class C5_4 {
    public static void main(String[] args) {
        int i,j;
        int[][] a = new int[9][];    //定义具有9个一维数组的二维数组
        for(i=0;i<9;i++)
            a[i] = new int[i+1];     //确定每个一维数组中元素的个数
        for(i=0;i<a.length;i++)
```

```
            for(j=0;j<a[i].length;j++)
                a[i][j] = (i+1)*(j+1);   //为二维数组中的每个元素赋值
        for(i=0;i<a.length;i++){
            for(j=0;j<a[i].length;j++)
                System.out.print(a[i][j]+"\t");   //显示二维数组中的各个元素
            System.out.println();
        }
    }
}
```

5.3 数组的使用

5.3.1 数组的基本操作

1. foreach 循环

数组的元素类型和数组的大小都是确定的,所以当处理数组元素时候,通常使用基本循环或者 foreach 循环。例如前面的例 5-1 展示了如何利用 for 循环遍历数组。JDK 1.5 引进了一种新的循环类型,被称为 foreach 循环或者加强型循环,它能在不使用下标的情况下遍历数组。

```
public class TestArray {
    public static void main(String[] args) {
        double[] myList = {1.9,2.9,3.4,3.5};
        for(double element: myList)   //打印所有数组元素
            System.out.println(element);
    }
}
```

2. 数组元素的复制

数组元素可以利用 void java.lang.System.arraycopy(Object src, int srcPos, Object dest, int destPos, int length) 方法从另一个数组中进行复制,其中参数 src 为源数组,srcPos 为源数组位置,dest 为目标数组,destPos 为目标数组位置,length 为复制元素的个数。

【例 5-5】 数组元素的复制示例。

```
public class C5_5 {
    public static void main(String[] args) {
        int[] a = {1,2,3,4,5,6};
        int[] b = {100,200,300,400,500,600,700};
        System.arraycopy(a,2,b,3,3);
        for(int i=0;i<7;i++)
            System.out.print(b[i]+"\t");
    }
}
```

3. 数组之间的赋值

Java 数组名的本质是数组的引用,因此可以用一个数组名去引用另一个数组,从而实现数组之间的赋值。

【例 5-6】 编程实现两个数组间的相互赋值。

```java
public class C5_6{
    public static void main(String [] arg){
        int i;
        int[] a = {2,5,8,25,36};
        int [] b = {90,3,9};
        System.out.println("a.length = " + a.length);
        System.out.println("b.length = " + b.length);
        b = a;    //将一个长度较大的数组 a 赋给另一个长度较小的数组 b
        System.out.println("执行 b = a 后:");
        System.out.print("a:");
        for(i = 0;i < a.length;i ++)
            System.out.print("  " + a[i]);
        System.out.println();
        System.out.print("b:");
        for(i = 0;i < b.length;i ++)
            System.out.print("  " + b[i]);
        System.out.println();
        b[0] = 100;    //修改数组 b 的第一个元素的值
        System.out.println("更改 b[0]的值后:");
        System.out.print("a:");
        for(i = 0;i < a.length;i ++)
            System.out.print("  " + a[i]);
        System.out.println();
        System.out.print("b:");
        for(i = 0;i < b.length;i ++)
            System.out.print("  " + b[i]);
        System.out.println();
    }
}
```

5.3.2 数组参数

数组可以作为方法的参数。在定义成员方法时可以用数组作为它的形参,且仅仅指定数组名和它的数据类型,而不指定数组的长度。在这种情况下引用该成员方法时,必须用具有相同数据类型的数组名作为成员方法对应位置的实参,即向成员方法传递数组。

> **注意**:数组名作为成员方法的参数时,是把实参数组的起始地址传递给形参数组,即两个数组共用同一段内存单元。因此,在成员方法中对形参数组中各元素值的修改,都会使实参数组元素的值也发生同样的变化。这种参数的传递被称为"双向地址传递"。

【例 5-7】 编程实现两个数组的相加,将结果存入第二个数组中。

```java
class AddClass{
```

```java
    void add(int arA[],int arB[]){
        int i;
        int len = arA.length;
        for(i = 0;i < len;i ++)
            arB[i] = arA[i] + arB[i];
    }
}
public class C5_7{
    public static void main(String[] args){
        int i,k;
        int [] arX = {10,13,27,66};
        int [] arY = {78,0,42, -50};
        int len = arX.length;
        AddClass p1 = new AddClass();
        System.out.println(" arX 的原始数据");   //打印 arX 数组
        for(i = 0;i < len;i ++)
            System.out.print(" " + arX[i]);
        System.out.println("\n arY 的原始数据");   //打印 arY 数组
        for(i = 0;i < len;i ++)
            System.out.print(" " + arY[i]);
        p1.add(arX,arY);   //调用方法 add()计算两个数组之和
        System.out.println("\n 再次输出 arX");   //再次打印 arX 数组
        for(i = 0;i < len;i ++)
            System.out.print(" " + arX[i]);
        System.out.println("\n 再次输出 arY");   //再次打印 arY 数组
        for(i = 0;i < len;i ++)
            System.out.print(" " + arY[i]);
        System.out.println();
    }
}
```

5.3.3 Arrays 类

Java 系统类库中有专门用来处理数组的 Arrays 类，它是 java.util 包中的类。利用 Arrays 类中的一些方法可以实现对数组的操作，例如 sort(Object[] arrayname) 方法可以直接实现对数组排序，二分查找方法 binarySearch(Object[] a，Object key) 可以查找数组中的元素。

【例 5-8】随机产生含有 10 个元素的随机数组，利用 Arrays 类提供的方法对它进行排序、查找操作。

```java
import java.util.*;
public class C5_8{
    public static void main(String[] args){
        int arA[] = new int[10];
        for(int i = 0; i < arA.length; i ++)
            arA[i] = (int)(Math.random() * 100);   //利用随机方法给数组赋值
        System.out.println("数组开始时的值为:");
        for(int i = 0;i < arA.length;i ++)
```

```
            System.out.print(arA[i]+" ");
        System.out.println();
        Arrays.sort(arA);
        System.out.println("排序后数组的值为:");
        for(int i =0;i < arA.length;i ++ )
            System.out.print(arA[i]+" ");
        System.out.println();
        int x = Arrays.binarySearch(arA,arA[7]);    //对数组二分查找第8个元素
        int y = Arrays.binarySearch(arA,78);        //对数组二分查找78,返回其下标
        System.out.println("x = " +x +"\t" +"y = " +y);
    }
}
```

本章小结

本章主要介绍了数组的特点、数组的引用方法、数组做参数以及对数组进行常见处理的数组类 Arrays。

习 题 5

一、选择题

1. 给出下面程序代码:

   ```
   byte[] a1, a2;
   byte a3[][];
   byte[][] a4;
   ```

   下列数组操作语句中不正确的是（   ）。
   A. a2 = a1　　　　B. a2 = a3　　　　C. a2 = a4　　　　D. a3 = a4

2. 关于数组，下列说法中不正确的是（   ）。
   A. 数组是最简单的复合数据类型，是一系列数据的集合
   B. 数组元素可以是基本数据类型、对象或其他数组
   C. 定义数组时必须分配内存
   D. 一个数组中所有元素都必须具有相同的数据类型

3. 设有数组定义语句"int [] a = {1, 2, 3};"，则下列对此语句的叙述中，错误的是（   ）。
   A. 定义了一个名为 a 的一维数组　　　　B. a 数组有 3 个元素
   C. a 数组元素的下标为 1～3　　　　　　D. 数组中每个元素的类型都是整数

4. 执行语句"int[] x = new int[20];"后，下列说法中正确的是（   ）。
   A. x[19]为空　　B. x[19]未定义　　C. x[19]为 0　　D. x[0]为空

5. 下列代码运行后的输出结果为（   ）。
   ```
   public class E5_1_5 {
       public static void main(String[] args) {
           AB aa = new AB();
           AB bb;
           bb = aa;
   ```

```
            System.out.println(bb.equals(aa));
        }
    }
    class AB{ int x = 100; }
```
   A. true   B. false   C. 编译错误   D. 100
6. 已知有定义"String s = "I love";",则下列表达式中正确的是（   ）。
   A. s + = "you";   B. char c = s[1];
   C. int len = s. length;   D. String s = s.toLowerCase( );

二、填空题

1. 数组是一种_____数据类型，在 Java 中，数组是作为_____来处理的。数组是有限元素的有序集合，数组中的元素具有相同的_____，并可用统一的_____和_____来唯一确定其元素。

2. 在数组定义语句中，如果"[ ]"在数据类型和变量名之间，则"[ ]"之后定义的所有变量都是_____类型；当"[ ]"在变量名之后时，则只有"[ ]"之前的变量是_____类型，之后没有"[ ]"的则不是数组类型。

3. 数组初始化包括_____初始化和_____初始化两种方式。

4. 利用_____类中的_____方法可以实现数组元素的复制；利用_____类中的_____和_____方法可以实现对数组元素的排序、查找等操作。

三、写出下列程序的运行结果

1.
```
public class E5_3_1 {
    public static void main(String[] args) {
        int [ ] a = {12,39,26,41,55,63,72,40,83,95};
        int i1 = 0, i2 = 0;
        for(int i = 0; i < a.length; i ++){
            if(a[i] % 2 == 1) i1 ++;
            else i2 ++;
        }
        System.out.println(i1 + "\t" + i2);
    }
}
```

2.
```
public class E5_3_2 {
    public static void main(String[] args) {
        int [ ] a = {36,25,48,14,55,40,32,66};
        int b1, b2;
        b1 = b2 = a[0];
        for(int i = 1; i < a.length; i ++){
            if ( a[i] > b1 ){
                if ( b1 > b2 ) b2 = b1;
                b1 = a[i];
```

```
            }
          }
          System.out.println(b1 + "\t" + b2);
      }
  }
```

3.

```
public class E5_3_3 {
    public static void main(String[] args) {
        int [] a = {36,25,48,14,55,40,32,66};
        int b1,b2;
        b1 = b2 = a[0];
        for(int i =1;i < a.length;i ++){
          if( a[i] < b1 ){
              if( b1 < b2 )  b2 = b1;
              b1 = a[i];
              }
          }
          System.out.println(b1 + "\t" + b2);
      }
  }
```

4.

```
public class E5_3_4 {
    public static void main(String[] args) {
        String str = "abcdabcabfgacd";
        char[] a = str.toCharArray();
        int i1 = 0, i2 = 0, i;
        for(i =0;i < a.length;i ++) {
            if(a[i] == 'a')   i1 ++;
            if(a[i] == 'b')   i2 ++;
        }
        System.out.println(i1 + "\t" + i2);
    }
}
```

5.

```
public class E5_3_5 {
  public static void main(String[] args) {
      String str = "abcdabcabdaeff";
      char[] a = str.toCharArray();
      int [] b = new int[5],i;
      for(i =0;i < a.length;i ++) {
          switch (a[i]) {
              case 'a': b[0] ++; break;
              case 'b': b[1] ++; break;
```

```
                    case 'c': b[2]++; break;
                    case 'd': b[3]++; break;
                    default : b[4]++;
                }
            }
        for(i=0; i<5; i++)
            System.out.print(b[i]+"\t");
        System.out.println();
    }
}
```

6.
```
public class E5_3_6 {
    public static void main(String[] args) {
        int [] a = {76,83,54,62,40,75,90,92,77,84};
        int [] b = {60,70,90,101};
        int [] c = new int[4],i;
        for(i=0; i<a.length; i++) {
            int j=0;
            while(a[i] >= b[j])j++;
            c[j]++;
        }
        for(i=0; i<4; i++)
            System.out.print(c[i]+"\t");
        System.out.println();
    }
}
```

四、编程题

1. 有一个数列，第一项为0，第二项为1，以后每一项都是它的前两项之和，试产生该数列的前20项，并按逆序显示。

2. 首先让计算机随机产生出10个两位正整数，然后按照从小到大的次序显示。

3. 从键盘上输入4行4列的一个实数矩阵到一个二维数组中，然后求出主对角线上元素之积以及副对角线上元素之积。

4. 已知一个数值矩阵 A 为 $\begin{bmatrix} 3 & 0 & 4 & 5 \\ 6 & 2 & 1 & 7 \\ 4 & 1 & 5 & 8 \end{bmatrix}$，另一个矩阵 B 为 $\begin{bmatrix} 1 & 4 & 0 & 3 \\ 2 & 5 & 1 & 6 \\ 0 & 7 & 4 & 4 \\ 9 & 3 & 6 & 0 \end{bmatrix}$，求出 A 与 B 的乘积矩阵 C[3][4] 并输出，其中 C 中的每个元素 C[i][j] 等于 $\sum_{k=0}^{3} A[i][k] \times [Bk][j]$。

5. 从键盘上输入一个字符串，试分别统计出该字符串中所有数字、大写英文字母、小写英文字母以及其他字符的个数并分别输出这些字符。

第6章 字符串

学习目标

1. 理解字符串的概念（6.1.1）。
2. 会创建 String 类对象（6.1.3）。
3. 掌握 String 类的常用方法（6.1.4）。
4. 掌握 StringBuffer 类的定义及基本操作（6.2）。
5. 理解 String 类与 StringBuffer 类的区别（6.2.3）。

6.1 字符串与 String 类

字符串是在程序开发中经常用到的数据对象类型，因此处理好字符串数据，对于程序开发来说是至关重要的。在程序不同的角落都会存在字符串处理的身影，例如，登录窗口的用户名和密码等。在 Java 中字符串是采用面向对象的方法进行处理的，提供了两个类处理字符串的类：String 类和 StringBuffer 类。String 类用于处理字符串常量，StringBuffer 类用于处理字符串变量。需要注意的是，字符串不同于字符，Java 语言中规定，凡是用双引号（""）引起的内容都视为字符串，而用单引号（''）引起的内容都视为字符。

6.1.1 字符串

字符串是一个字符序列，可以作为一个数据值来处理，是程序中非常常用的数据。如表示人的姓名、家庭地址，表示书籍的名字、出版社，或进行大段文字的处理，都需要用字符串来表示。

Java 中的字符串类型属于类类型，即都是类的对象。Java 中的字符串类主要有两种，其中一种表示常量字符串，另一种表示可变字符串。例如下面的这段程序代码：

```
public class Str1{
    public static void main(String[] args){
        System.out.println("我要成为一名优秀的程序员");
    }
}
```

程序运行结果如下：

我要成为一名优秀的程序员

说明：在两个双引号之间的数据就是字符串。

6.1.2 String 类概述

Java 提供了 String 类表示常量字符串，即字符串创建以后不能改变。Java 支持字符串形式的字面常量，如"Hello"，其对应的数据类型即为 String。

可以对 String 类的引用直接赋值为字符串常量，例如：

`String str = "Hello";`

说明：这里相当于将引用 str 指向了 "Hello" 对应的对象。因为 String 对象是不可改变的，所以就不会通过 str 的操作来改变其指向的 "Hello" 字符串字面常量，因而是安全的。同理，将两个引用指向同一个字符串对象也是安全的，String 对象可以被安全的共享。

思考：已知

```
String str1 = "hello";
String str2 = str1;
str1 = "world";
```

那么若现在输出 str1 和 str2，会产生什么结果呢？图 6-1 给出提示。

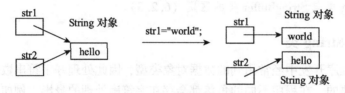

图 6-1　内存示意图

6.1.3　创建 String 类对象

String 类提供了多个构造方法，允许多种方式创建字符串对象，其中常用的几个方法见表 6-1。

表 6-1　String 类对象构造方法

	构造方法	例子
创建一个空字符串	String( )	String str = new String( );
用已有的字符串创建另一个字符串	String(String original)	String str = new String("hello"); String str1 = new String(str);
用字符数组创建另一个字符串	String(char[ ] value) String(char[ ] value, int offset, int count) // 三个参数含义分别为数组名称、起始位置以及选取的个数	char[ ] s = { 'a', 'b', 'c', 'd', 'e' }; String str = new String(s); String str1 = new String(s,2,4);
用 StringBuffer 或 StringBuilder 对象创建字符串	String(StringBuffer buffer) String(StringBuilder builder)	

> 注意：用 new 创建字符串对象，与直接用字符串字面常量赋值，多数情况下效果是一样的，但在某些情况下会有一些差异。

例如：

```
String s1 = "hello";
String s2 = new String("hello");
```

上面两条语句形成的两个字符串 s1 和 s2，其中 s1 采用字符串常量直接赋值的方式，而 s2 采用动态的方式创建，它们都表示"hello"字符串。这两种方式创建字符串有着微妙的区别：

第一种方式将引用直接指向字符串常量"hello"对象，而第二种方式会分配新的内存，并用字符串常量"hello"的值对其进行初始化，如图 6-2 所示。

当然目前来看，两种方式没有什么差异，但两者并不完全相同。再用相同的方法分别创建 s3 和 s4，则产生了区别，如图 6-3 所示。

图 6-2　创建字符串比较 1

```
String s3 = "hello";
String s4 = new String(s3);
```

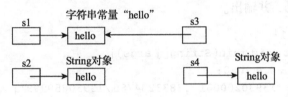

图 6-3　创建字符串比较 2

当在程序中使用相同的 String 类型的字面常量时，只创建一个 String 对象，所有引用如 s1 和 s3 都指向同一个对象。而每次使用 new 方式都会创建一个新的对象，无论其内容是否相同。

6.1.4　String 类的常用方法

在程序中经常需要进行字符串的处理，如在字符串中查找字符或子字符串、进行字符串比较或者做一些字符串变换等。从应用角度来说，在程序中很多数据需要用字符串表示，如一个人的名字、身份证号、手机号码、通信地址等，可能需要根据人名进行查找、根据手机号码抽取信息确定所属城市、查找同名的人、查找名字中含有某个字或单词的所有人等各种操作，当然也可能会有大段文字需要进行分析，如分析某些词的使用频率或将某些文字进行替换等。

最直接的字符串处理方法是对字符串的字符序列做遍历，一个字符一个字符地进行分析处理，当然有时并不需要这样，使用 String 类已经提供的一些方法可以简化算法。

String 类提供了一些常用方法对字符串进行操作，例如：检查字符序列的单个字符；比较字符串；搜索字符串；提取子字符串；创建字符串副本，在该副本中，所有的字符都被转换为大写或小写形式等。

1）获得字符串长度。语句格式如下：

```
public int length()
```

该语句返回值为字符串中实际的字符数。

2) 提取字符或子字符串。语句格式如下：

`public char charAt(int index)`

该语句返回指定索引处的 char 值。索引范围为从 0 到 length( ) – 1。字符序列的第一个字符其索引为 0，第二个索引为 1，依此类推，这类似于数组索引。

`public String substring(int beginIndex)`

该语句返回一个新的字符串，它是此字符串的一个子字符串。该子字符串始于指定索引处的字符，一直到此字符串末尾。

`public String substring(int beginIndex, int endIndex)`

该语句返回一个新字符串，它是此字符串的一个子字符串。该子字符串从指定的 beginIndex 处开始，一直到索引 endIndex – 1 处的字符。因此，该子字符串的长度为 endIndex – beginIndex。

【例 6-1】用一个字符串表示多个电话号码，号码之间用字符 '/' 隔开。分析字符串，提取出所有的电话号码，并输出。

```java
public class C6_1{
    public static void main(String[] args){
        int start = 0,end = 0;
        String s = "13930200001/13833284785/13930859999";
        String s1;
        while(true){
            end = s.indexOf('/', start);
            if(end == -1)
                break;
            s1 = s.substring(start, end);
            System.out.println(s1);
            start = end + 1;
        }
        System.out.println(s.substring(start));
    }
}
```

程序运行结果如下：

```
13930200001
13833284785
13930859999
```

3) 搜索字符串。语句格式如下：

`public int indexOf(int ch)`

该语句返回指定字符在此字符串中第一次出现处的索引。如果不存在则返回 – 1。

`public int indexOf(int ch, int fromIndex)`

该语句从指定的索引开始搜索，返回在此字符串中第一次出现指定字符处的索引。

```
public int indexOf(String str)
```

该语句返回第一次出现的指定子字符串在此字符串中的索引。

```
public int indexOf(String str, int fromIndex)
```

该语句从指定的索引处开始，返回第一次出现的指定子字符串在此字符串中的索引。

与此对应的还有一套方法 lastIndexOf( )，用来处理要查找的字符和字符串最后一次出现的索引。

> **注意**：public int indexOf(int ch) 中 ch 参数是一个字符的 Unicode 编码，在 Java 当中 char 类型与 int 类型是可以相互赋值的。int 类型数据有 32 位（1 个符号位 + 31 个数值位），char 类型数据有 16 位（16 个数值位），类似 char data = 97 赋值是允许的，这是用 ASCII 编码来给 char 类型赋值。

【例 6-2】字符串基本操作示例。

```java
class C6_2{
    public static void main(String[] args) {
        String s = new String("Hello World");
        int i = s.length();
        System.out.println(i);
        char c = s.charAt(1);
        System.out.println(c);
        String s1 = s.substring(3);
        System.out.println(s1);
        String s2 = s.substring(1,4);
        System.out.println(s2);
        i = s.indexOf('W');
        System.out.println(i);
        String s3 = "elo";
        i = s.indexOf(s3);
        System.out.println(i);
    }
}
```

程序运行结果如下：

```
11
e
lo World
ell
6
-1
```

4) 比较字符串。语句格式如下：

```
public boolean equals(Object anObject)
```

该语句比较此字符串与指定的对象。当且仅当该参数不为 null, 并且是表示与此对象相同的字符序列的 String 对象时, 结果才为 true。

```
public int compareTo(String anotherString)
```

该语句比较字符串与参数对象, 该比较基于字符串中各个字符的 Unicode 值。该方法能比较字符串的大小, 而字符串的大小基于字典顺序, 即先比第一个字符, 若相同再比较第二个字符, 若不同则返回第一个不同的字符对之差。若字符都相同, 但是长度不同, 则返回字符串长度之差。如果按字典顺序此 String 对象在参数字符串之前, 则比较结果为一个负整数。如果按字典顺序此 String 对象位于参数字符串之后, 则比较结果为一个正整数。如果这两个字符串相等, 则结果为 0。

与这两个方法对应还有忽略大小写的相应比较方法：

```
public boolean equalsIgnoreCase(String anotherString)
public int compareToIgnoreCase(String str)
```

【例6-3】字符串比较示例。

```
class C6_3{
    public static void main(String[] args){
        String s1 = "abcd",s2 = "abcd",s3 = "afgd",s4 = "abcdef";
        //equals 与 compareTo
        System.out.println(s1.equals(s2));
        System.out.println(s1.equals(s3));
        System.out.println(s1.compareTo(s2));
        System.out.println(s1.compareTo(s3));
        System.out.println(s1.compareTo(s4));
        System.out.println(" ----------------");
        //equals 与 ==
        String s5 = new String("abcd");
        System.out.println(s1 == s5);
        System.out.println(s1.equals(s5));
        System.out.println(s1 == s4);
    }
}
```

程序运行结果如下：

```
true
false
0
-4
-2
----------------
false
true
false
```

> **注意**:equals 与 compareTo 的区别。equals 只比较是否相同,而 compareTo 会比较大小,即基于 Unicode 编码的顺序进行比较。如比较 s1 和 s3 即 "abcd" 与 "afgd",先比较第一个字符都是 a,相同;然后比较第二个字符,在 Unicode 编码中,b 在 f 后面,因而大小已经可以确定,不需要再比下去,字符串 s1 比 s3 小,返回值为负数,值为字符 b 与 f 的 Unicode 编码之差。
>
> equals 与 == 的区别。== 用于比较引用,判定引用是否指向同一个对象,而 equals 则是真正比字符串的内容。因此 s1 与 s5 分别指向不同的对象,"s1==s5"结果为 false,而 s1.equals(s5) 会比内容,内容相同故返回值为 true。而对于"s1==s4"表达式,由前文所述 s1 与 s4 指向同一个字程序说明:符串对象,故结果为 true。

5) 检查字符串格式。语句格式如下:

`public boolean startsWith(String prefix)`

该语句测试此字符串是否以指定的前缀开始。

`public boolean endsWith(String suffix)`

该语句测试此字符串是否以指定的后缀结束。

`public boolean startsWith(String prefix, int toffset)`

该语句测试此字符串是否以指定前缀开始,该前缀以指定索引开始。

6) 字符串变换(创建字符串的副本)。语句格式如下:

`public String concat(String str)`

该语句将指定字符串联到此字符串的结尾。如果参数字符串的长度为 0,则返回此 String 对象。否则,创建一个新的 String 对象,用来表示由此 String 对象表示的字符序列和由参数字符串表示的字符序列串联而成的字符序列。

`public String replace(char oldChar,char newChar)`

该语句返回一个新的字符串,它是通过用 newChar 替换此字符串中出现的所有 oldChar 而生成的。如果 oldChar 在此 String 对象表示的字符序列中没有出现,则返回对此 String 对象的引用。否则,创建一个新的 String 对象,用来表示与此 String 对象表示的字符序列相等的字符序列,除了每个出现的 oldChar 都被一个 newChar 替换之外。

`public String toLowerCase()`

该语句使用默认语言环境的规则将此 String 中的所有字符都转换为小写。

`public String toUpperCase()`

该语句使用默认语言环境的规则将此 String 中的所有字符都转换为大写。

public String trim()

该语句返回字符串的副本,忽略前导空白和尾部空白。

public char[] toCharArray()

该语句将此字符串转换为一个新的字符数组,返回一个新分配的字符数组,它的长度是此字符串的长度,而且内容被初始化为包含此字符串表示的字符序列。

> **注意**：这些方法字符串本身并没有改变,返回值是一个按变换要求产生的新字符串。

【例6-4】字符串变换示例。字符串变换中最常见的是去除字符串的前面空白和尾部空白,或替换字符串中的某些部分,或将字符串做大小写变换等。

```
class C6_4 {
    public static void main(String[] args) {
        String s1 = "   hello world!    ";
        System.out.println(s1);
        String s2,s3,s4;
        s2 = s1.trim();       //去除前导和尾部空格
        System.out.println(s2);
        s3 = s2.toUpperCase();  //s2 进行大写变换
        System.out.println(s3);
        s4 = s2.replace('e', 'k');  //s2 中的 e 替换为 k
        System.out.println(s4);
    }
}
```

程序运行结果如下:

```
   hello world!    
hello world!
HELLO WORLD!
hkllo world!
```

7) 一些静态方法（将其他类型转换为字符串）。有一套重载的静态方法,用于将其他类型转换为字符串。语句格式如下:

public static String valueOf(Object obj)

该语句中,参数为一个 Object 对象,如果参数为 null,则字符串等于"null";否则,返回 obj.toString() 的值。

public static String valueOf(int i)

该语句返回 int 型参数 i 的字符串表示形式,该表示形式恰好是单参数的 Integer.toString 方法返回的结果。

类似地,任何类型都可以做方法 valueOf() 的参数,并返回对应的字符串形式,包括所有基本类型、数组,又因为 Java 的所有类都是 Object 类的子类,根据多态的特点,所有类的对象都可以作为参数。

6.2 StringBuffer 类

String 对象是不可改变的，即可以读取字符串中的每个字符，但不能增加、删除或修改 String 对象中的字符。回顾一下字符串变换方法或提取字符串方法都没有改变初始字符串，而是按要求创建了一个新字符串。虽然很多情况下可以创建新字符串来完成功能，但有时候直接在原字符串上进行处理会更方便。因此，Java 提供了支持改变的 StringBuffer 类。

6.2.1 创建 StringBuffer 类对象

与常量字符串 String 对象相比，StringBuffer 对象代表可变字符串，其字符串缓冲区的分配也不相同。String 对象由于字符串不会再改变，因此只需要分配字符串刚好需要的内存缓冲区，而可变字符串由于比较容易变化，尤其添加或插入会造成字符串的长度的增长，因此为可变字符串分配内存缓冲区时一般都会有富余量，分配比实际字符串所需的内存缓冲区要大，避免字符串长度变化时内存分配的频繁变化，所以下面将引入两个数据：一个是对字符串长度，一个是对象的字符串缓冲区的容量。

StringBuffer 类提供了若干构造方法支持不同形式的对象创建。可以创建一个空的字符串，也可以通过 String 对象来创建 StringBuffer 对象。语句格式如下：

`public StringBuffer()`

该语句构造一个其中不带字符的字符串缓冲区，其初始容量为 16 个字符。

`public StringBuffer(int capacity)`

该语句构造一个不带字符，但具有指定初始容量的字符串缓冲区。

`public StringBuffer(String str)`

该语句构造一个字符串缓冲区，并将其内容初始化为 String 对象 str 指定的字符串内容。该字符串的初始容量为 16 加上字符串参数的长度。

6.2.2 StringBuffer 类的常用方法

1. 长度与容量

`public int length()`

该语句返回字符串长度（即字符数）。

`public int capacity()`

该语句返回当前容量。

2. 不改变字符串的一些方法

StringBuffer 类也支持一些与 String 类类似的方法，并不改变原对象的字符串序列，如 charAt( )、indexOf( )、lastIndexOf( ) 和 subString( ) 等，与 String 类的方法用法相同。

3. 改变字符串

对字符串的主要改变涉及添加、插入、删除和替换，这些方法都会直接在可变字符串上进行改变,并不生产新的字符串。

1) 重新设置某个位置的字符值。语句格式如下:

```
public void setCharAt(int index,char ch)
```

该语句将给定索引 index 处的字符设置为字符 ch。

2) 在字符串末尾添加。Java 提供了一系列的方法 append( ),用于将各种类型的数据转换为字符串,并添加到当前字符串的末尾。返回值为当前 StringBuffer 对象的引用。此系列方法的语句格式如下:

```
public StringBuffer append(Type obj)
```

其中 Type 可以为 String、StringBuffer、Object、字符数组以及所有基本类型。方法功能为将参数对应的字符串表示追加在原可变字符串的末尾,若参数不是字符串则转换为字符串。

【例6-5】输入若干电话号码,直到输入"quit"结束,并将所有字符串用"/"分隔连接。

```
import java.io.*;
public class C6_5 {
    public static void main(String[] args)throws IOException {
        String s;
        StringBuffer s1 = new StringBuffer();
        BufferedReader br = new BufferedReader(new InputStreamReader(System.in));
        while(true) {
            s = br.readLine();
            if(s.equals("quit"))
                break;
            s1.append(s);
            s1.append('/');
        }
        System.out.println(s1.toString());
    }
}
```

输入:

```
86123456
86654321
Quit
```

程序运行结果如下:

```
86123456/86654321/
```

3) 在字符串特定位置插入。Java 提供了一系列的重载的方法 insert( ),用于将各种类型的数组转换为字符串,插入到当前字符串指定的位置。返回值为当前 StringBuffer 对象的引用。方法的语句格式如下:

```
public StringBuffer insert(int offset, Type obj)
```

第一个参数 offset 表示字符序列中的特定位置(以 0 开始),第二个参数对应的字符串表示将被插入此序列中 offset 指示的位置处。第二个参数的类型 Type 可以为 String、StringBuffer、Object、字符数组以及所有基本类型。

4)在字符串中删除某些字符。Java 提供了如下两个方法:

```
public StringBuffer delete(int start, int end)
```

该语句移除此序列的子字符串中的字符。该子字符串从指定的 start 处开始,一直到索引 end-1 处的字符,如果不存在这种字符,则一直到序列尾部。如果 start 等于 end,则不发生任何更改。

```
public StringBuffer deleteCharAt(int index)
```

该语句移除此序列指定位置的字符,此序列将缩短一个字符。

5)替换字符串中的某些字符。Java 提供了方法 replace( ),语句格式如下:

```
public StringBuffer replace(int start, int end, String str)
```

使用给定 String 中的字符替换此字符序列的子字符串中的字符。该子字符串从指定的 start 处开始,一直到索引 end-1 处的字符,如果不存在这种字符,则一直到序列尾部。先将子字符串中的字符移除,然后将指定的 String 插入 start 处。

此外,StringBuffer 类还提供了其他方法,如方法 reverse( )将 StringBuffer 字符串进行反转等。

6.2.3 String 类与 StringBuffer 类比较

1. 字符串串联符

Java 语言提供字符串串联符号"+",支持用运算符"+"直接进行 String 字符串的连接。由于 Java 提供其他变量或对象到字符串的转换的特殊支持,因此串联运算符也可以在 String 字符串与其他类型之间进行串联。作为字符串串联运算符,其优先级与结合性与算术运算符"+"相同,下面来看几个表达式运算:

```
String s = "你好",s1;
s1 = "abc" + "def";
```

上述表达式将字符串"abc"与"def"连接产生新的字符串"abcdef"。

```
s1 = "abc" + s + 3;
```

上述表达式按运算顺序,将字符串"abc"与字符串 s 连接产生字符串"abc 你好",然后继续与整数 3 进行运算,由于"+"运算符两侧操作数为字符串与整型,因此整型要转换为字符串型,然后进行字符串连接,最后得到字符串"abc 你好 3"。

```
s1 = "abc" + 3 + 5 ;
```

上述表达式的运算结果为"abc35"而不是"abc8",因为仍然要遵循此运算符从左至右的运算顺序。若要得到"abc8"需要改变运算顺序"abc"+(3+5)。

```
s1 = 3 + 5 + "abc";
```

上述表达式的运算结果为"8abc"而不是"35abc",因为按运算顺序先执行 3 + 5,此"+"两侧类型相同且都是整型,自然应该做整数相加运算的结果 8,然后进行 8 与"abc"的字符串串联运算。

字符串串联实际是通过 StringBuffer 类及其方法 append( )实现的。如上面的表达式语句"s1 = "abc" + s + 3;"等价于:

```
s1 = new StringBuffer().append("abc").append(s).append(3).toString();
```

即通过 StringBuffer 对象的方法 append( )进行字符串连接,然后生成对应的新的 String 对象。

2. String 类与 StringBuffer 类对象之间的转换

String 类对象与 StringBuffer 类对象经常需要互相转换。例如,需要输入字符串并在程序中进行改变,而在进行字符串输入时不能输入 StringBuffer 对象,所以不得不输入 String 对象,再转换成 StringBuffer 对象。又如,在输出时,System.out.println( )并不支持 StringBuffer 对象做参数,因此需要转换为 String 对象进行输出。

【例 6-6】 String 类与 StringBuffer 类对象间的转换示例。

```java
import java.io.*;
class C6_6{
    public static void main(String[] args)throws IOException{
        BufferedReader br = new BufferedReader(new InputStreamReader(System.in));
        String s = br.readLine();
        StringBuffer sb = new StringBuffer(s);
        sb.append(125);    //字符串改变
        System.out.println(sb.toString());    //StringBuffer 输出
    }
}
```

输入:

```
46546
```

程序运行结果如下:

```
46546125
```

当然程序的最后一条语句其参数也可以只写 sb,但会自动调用它的方法 toString( )返回其对应的 String 形式。

3. String 类与 StringBuffer 类的比较

String 类与 StringBuffer 类有以下异同点:

1) 两个类都是用来处理字符串。
2) String 类和 StringBuffer 类的字符串内的字符的索引都是从 0 开始。
3) 两种都提供了一些相同的操作方法,如 length( )、charAt( )、subString( )以及

indexOf()等,且它们在两个类中的用法也相同。

4) String 类表示常量字符串,不可以改变;StringBuffer 类表示可变字符串,提供了若干改变字符串的方法。

5) String 类覆盖了 Object 类的方法 equals(),用来进行字符串内容的比较;而 StringBuffer 类没有覆盖方法 equals(),因此其只是做基本的引用的比较。

6) 两个类都覆盖了 Object 类的方法 toString(),但各自的实现方式不一样。String 类的方法 toString() 返回当前 String 实例本身的引用;而 StringBuffer 类的方法 toString() 返回一个以当前 StringBuffer 的缓冲区中的所有字符为内容的新的 String 对象的引用。

7) String 类对象支持操作符 " + ",而 StringBuffer 对象不支持操作符 " + ",因此 StringBuffer 对象之间不能用 " + " 进行连接,StringBuffer 对象与其他数据(除 String 对象)也不能进行 " + " 运算。

8) String 类中的一些字符串变化操作,并不改变对象本身,而是创建一个新的 String 对象,返回值是新对象的引用;StringBuffer 类的一些字符串变化操作会实际的改变对象本身,而返回值是这个对象的引用。

■ 本章小结 ■

本章首先介绍了字符串的概念,接下来引入了 String 类的定义,并通过实例分析了 String 类的各种常用方法。然后,介绍了 StringBuffer 类的定义及基本操作。读者应能够掌握字符串在程序中的应用。

■ 习 题 6 ■

一、选择题

1. 下列程序段执行完毕后,cont 的值是(   )。
```
String[] strings = {"string","starting","strong","street","soft"};
int cont = 0;
for(int i = 0;i < strings.length;i ++ )
    if(strings[i].endsWith("ng"))
        cont ++ ;
```
   A. 1   B. 2   C. 3   D. 4
2. 定义字符串"String str = " abcdefg";",则 str.indexOf('d')的结果是(   )。
   A. 'd'   B. true   C. 3   D. 4
3. 定义变量"b:boolean b = true;"则 String.valueOf(b) 的类型是(   )。
   A. boolean   B. String   C. false   D. int
4. 下列程序段输出的结果是(   )。
```
StringBuffer buf1;
String str = "北京2008";
buf1 = new StringBuffer(str);
System.out.println(buf1.charAt(2));
```
   A. 2   B. 京   C. 0   D. null
5. 下列程序段输出的结果是(   )。

```
String s = "ABCD";
s.concat("E");
s.replace('C','F');
System.out.println(s);
```
  A. ABCDEF   B. ABFDE   C. ABCDE   D. ABCD

6. 下列语句序列执行完后，n 的值是（   ）。

```
int n = 0;
StringTokenizer st = new StringTokenizer("I wonder should I go,or should I stay?");
while(st.hasMoreTokens())
{ n ++; String ss = st.nextToken(); }
```
  A. 9   B. 10   C. 11   D. 8

7. 下列语句序列执行完后，n 的值是（   ）。

```
int n = 0;
String str = "I wonder,what? ";
StringTokenizer str2 = new StringTokenizer(str, ",?");
while(str2.hasMoreTokens())
{ str2.nextToken(); }
System.out.println("n = " + n);
```
  A. 2   B. 3   C. 4   D. 5

二、填空题

1 定义数组 "char[ ] charArray = {'a','b','c','d','e','f'};"，则 String.valueOf(charArray,2,3)的结果是_____。

2. 下面语句序列输出结果是_____。

```
String s = new String("java program! ");
System.out.println(s.substring(5,8));
```

3. 下面语句输出结果是_____。

```
char[] charArray = {'a','b','c','d','e','f'};
StringBuffer buf1;
String str = "12345";
buf1 = new StringBuffer(str);
buf1.insert(4,charArray);
System.out.println(buf1.toString());
```

4. 如有赋值语句 "x = new StringBuffer().append("a").append(4).append("c").toString;"，则 x 的类型是_____，它的值是_____。

5. 下列程序的功能是统计以 "st" 开头的字符串有多少个，完成下面程序填空。

```
public class E6_2_5 {
    public static void main(String[] args) {
        String[] strings = {"string","starting","strong","street","soft"};
        int cont = 0;
        for(int i = 0; i < _____; i ++)
            if(strings[i]._____ )
```

```
            cont ++ ;
    System.out.println(cont);
    }
}
```

三、判断题

1. String str = "abcdefghi" ; char chr = str. charAt(9) ;   (   )
2. char[ ] chrArray = { 'a','b','c','d','e','f','g' } ;char chr = chrArray[6] ;   (   )
3. int i,j; boolean booleanValue = (i = = j) ;   (   )
4. int[ ] intArray = {0,2,4,6,8} ; int length = int Array. length( ) ;   (   )
5. String str = "abcedf" ; int length = str. length ;   (   )
6. int[ ] intArray[60] ;   (   )
7. char[ ] str = "abcdefgh" ;   (   )
8. 说明或声明数组时不分配内存大小，创建数组时分配内存大小。   (   )
9. Integer i = (Integer. valueOf("926")). intValue( ) ;   (   )
10. String s = (Double. valueOf("3. 1415926")). toString( ) ;   (   )

四、写出下列程序的运行结果

1.
```
public class E6_4_1 {
    String str = new String("Hi !");
    char[] ch = { 'L', 'i', 'k', 'e' };
    public static void main(String[] args) {
        Exercises5_1 ex = new Exercises5_1();
        ex.change(ex.str, ex.ch);
        System.out.print(ex.str + " ");
        System.out.print(ex.ch);
    }
    public void change(String str, char[] ch) {
        str = "How are you";
        ch[1] = 'u';
    }
}
```

2.
```
public class E6_4_2 {
    public static void main(String[] args) {
        String str1 = new String();
        String str2 = new String("String 2");
        char[] chars = { 'a', ' ', 's', 't', 'r', 'i', 'n', 'g' };
        String str3 = new String(chars);
        String str4 = new String(chars, 2, 6);
        byte[] bytes = { 0x30, 0x31, 0x32, 0x33, 0x34, 0x35, 0x36, 0x37, 0x38, 0x39 };
        String str5 = new String(bytes);
```

```
        StringBuffer strb = new StringBuffer(str3);
        System.out.println("The String str1 is " + str1);
        System.out.println("The String str2 is " + str2);
        System.out.println("The String str3 is " + str3);
        System.out.println("The String str4 is " + str4);
        System.out.println("The String str5 is " + str5);
        System.out.println("The String strb is " + strb);
    }
}
```

五、编程题

1. 请将如下代码补充完整。

```
class E6_5_1 {
    public static void main(String[] args) {
        String s1 = new String("you are a student");
        String s2 = new String("how are you");
        if(_____)    //使用方法equals()判断s1与s2是否相同
            System.out.println("s1 与 s2 相同");
        else
            System.out.println("s1 与 s2 不相同");
        String s3 = new String("220302198510220224");
        if(_____)    //判断s3的前缀是否是"220302"
            System.out.println("吉林省的身份证");
        int position = 0;
        String path = "c:\\java\\jsp\\A.java";
        position = _____    //获取path中最后出现目录分隔符号"\\"的位置
        System.out.println("c:\\java\\jsp\\A.java 中最后出现"\\"的位置:" + position);
        String fileName = _____    //获取path中"A.java"这个子字符串。
        System.out.println("c:\\java\\jsp\\A.java 中含有的文件名:" + fileName);
        String s6 = new String("100");
        String s7 = new String("123.678");
        int n1 = Integer.parseInt(s6);    //将s6转化成int型数据。
        double n2 = Double.parseDouble(s7);    //将s7转化成double型数据
        double m = n1 + n2;
        System.out.println(m);
        String s8 = _____    //调用String类的方法valueOf()将m转化为字符串对象
        position = s8.indexOf(".");
        String temp = s8.substring(position + 1);
        System.out.println("数字" + m + "有" + temp.length() + "位小数");
        String s9 = new String("ABCDEF");
        char[] a = _____    //将s8存放到数组a中
        for(int i = a.length - 1; i >= 0; i--)
            System.out.print(" " + a[i]);
    }
}
```

2. 编写一个 Java 程序，完成以下功能：
1）声明一个名为 name 的 String 对象，内容是 "My name is Networkcrazy"。
2）打印字符串的长度。
3）打印字符串中的第一个字符。
4）打印字符串中的最后一个字符。
5）打印字符串中的第一个单词。
6）打印字符串中 "crazy" 的位置。

第 7 章　异常处理

学习目标

1. 了解 Java 编程中的错误分类（7.1）。
2. 理解异常与异常类（7.2.1）。
3. 理解 Java 异常的分类（7.2.2 与 7.2.3）。
4. 理解异常的抛出，正确使用 throw 与 throws 关键字（7.3）。
5. 正确使用 try-catch-finally 块进行异常处理（7.4）。

7.1　Java 编程中的错误

前面的程序设计都假设处于最完美的情况，即用户不会以错误的形式输入数据、选择打开的文件必然存在、代码不会有错……但事实并非如此。在实际编程的过程中，肯定会存在错误的数据和错误的代码，所以，必须掌握 Java 提供的异常处理（Exception Handle）机制，应付可能发生的问题。

错误是编程中不可避免和必须要处理的问题，编程人员和编程工具的处理错误能力在很大程度上影响着编程工作的效率和质量。一般来说错误分为编译错误和运行错误两种。

7.1.1　编译错误

编译错误是由于编写的程序存在语法问题，未能通过源代码到目标码（在 Java 语言中是由源代码到字节码）的编译过程产生的，它由语言的编译系统负责检测和报告。

每种计算机高级语言都有自己的语言规范，编译系统就根据这个规范来检查编程人员所书写的源代码是否符合规定。Java 语言是定位于网络计算的安全性要求较高的语言，其语法规范设计得比较全面，例如数组元素下标越界检查、检查对未开辟空间对象的使用等。更多的检查工作由系统自动完成，可以减少编程者的设计负担和程序中隐含的错误，提高初学者编程的成功率。大部分编译错误是由于对语法不熟悉或拼写失误引起的，例如在 Java 语言中规定需在每个句子的末尾使用分号、标识符区分大小写，如果不注意这些细节，就会引发编译错误。由于编译系统会给出每个编译错误的位置和相关的错误信息，所以修改编译错误相对较简单；但同时由于编译系统判定错误比较机械，在参考它所指出的错误地点和信息时应灵活地同时参照上下文其他语句，将程序作为一个整体来检查。

没有编译错误是一个程序能正常运行的基本条件，只有所有的编译错误都改正了，源代码才可以被成功地编译成目标码或字节码。

【例 7-1】编译错误示例。

```
public class C7_1                    //该行末尾缺少"{"
   public static void main(String[] args) {
      System.out.println("异常处理")   //该行代码后缺少";"
```

}   //该行应再多一个匹配的"}"

正确的代码应该如下：
```
public class C7_1{
    public static void main(String[] args) {
        System.out.println("异常处理");
    }
}
```

7.1.2 运行错误

运行错误是在程序的运行过程中产生的错误，根据性质不同，又可以分为系统运行错误和逻辑运行错误。

系统运行错误是指程序在执行过程中引发了操作系统的问题。应用程序是工作在计算机的操作系统平台上的，如果应用程序运行时所发生的运行错误危及操作系统，对操作系统产生损害，就有可能造成整个计算机的瘫痪，如死机、死循环等。所以如果不排除系统错误，程序就不能正常工作。系统运行错误通常比较隐秘，排除时应根据错误的现象，结合源程序仔细判断。例如，出现了死循环，就应该检测源程序中的循环语句和中止条件；出现死机，就应该检测程序中的内存分配处理语句等。

逻辑运行错误是指程序不能实现编程人员的设计意图和设计功能而产生的错误，如排序时不能正确处理数组头尾的元素等。有些逻辑运行错误是由于算法考虑不周引起的，也有些则来自编码过程中的疏忽。

排除运行错误时，一个非常有效和常用的手段是使用开发环境所提供的单步运行机制和设置断点功能来分析程序运行过程，使之在人为的控制下边调试边运行。在设计过程中，调试者可以随时检查变量中保存的中间量，设置临时运行环境，一步步检查程序的执行过程，从而挖出隐藏的错误。

7.2 异常及其分类

7.2.1 异常的基本概念

异常（Exception）又称为例外，是指程序运行中所发生的可预料或不可预料的事件，它会引起程序的中断，影响程序的正常运行。为了能够及时有效地处理程序中的运行错误，Java 中引入了异常和异常类，每个异常类都代表了一种运行错误。根据异常的来源，可以把异常分为两种类型：系统定义的运行异常和用户自定义的异常，见 7.2.2 节及 7.2.3 节。

Java 的异常处理过程如下：当 Java 程序运行过程中发生一个可识别的运行错误时，即该错误有一个异常类与之相对应时，系统都会产生一个相应的异常类的对象，即产生一个异常，这个异常产生和提交的过程称为抛出（Throw）异常。一旦一个异常对象产生了，系统中就一定要有相应的机制来处理它，确保不会产生死机、死循环或对操作系统的损害，从而保证了整个程序运行的健壮性、安全性。这一过程称为捕获（Catch）异常。

Java 的异常类是处理运行时错误的特殊类，每一种异常类对应一种特定的运行错误。所有的 Java 异常类都是系统类库中的 Exception 类的子类，其继承的结构图如图 7-1 所示。

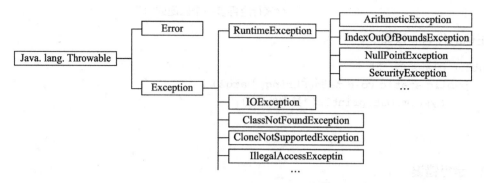

图7-1 Exception 类及子类的部分结构

在异常类层次的最上层有一个单独的类叫作 Throwable，该类是类库 java.lang 包中的一个类，这个类用来表示所有的异常情况。每个异常类都是 Throwable 类的子类或者子孙类，它有两个直接的子类：一个是 Exception 类，是用户程序能够捕捉到的异常情况；另一类是 Error 类，它定义了通常无法捕捉到的异常。在 Java 编程中，要谨慎使用 Error 类，因为它们通常会导致灾难性的失败。Error 类由系统保留，而 Exception 类则供应用程序使用。

Exception 类有自己的方法和属性。它的构造方法有以下两个：

```
public Exception();
public Exception(String s);
```

其中，第二个构造方法可以接受字符串参数传入的信息，该信息通常是对异常类所对应的错误的描述。

Exception 类从父类 Throwable 那里还继承了若干方法，其中常用的有两个：

```
public String toString();
```

该方法返回描述当前 Exception 类信息的字符串。

```
public void printStackTrace();
```

该方法没有返回值，它的功能是完成一个打印操作，在当前的标准输出（一般就是屏幕）上打印输出当前异常对象的堆栈使用轨迹，也即程序先后调用执行了哪些对象或类的哪些方法，使得运行过程中产生了这个异常对象。

7.2.2 系统定义的运行异常

Exception 类有若干子类，见表7-1，每一个子类代表了一种特定的运行时错误。这些子类有些是系统事先定义好并包含在 Java 类库中的，称为系统定义异常。

系统定义异常通常对应着系统运行错误。由于这种错误可能导致操作系统错误甚至是整个系统的瘫痪，所以需要系统定义异常类来表示这类错误。表7-1 中列出了部分常用的系统定义的异常。

由于定义了相应的异常，Java 程序即使产生一些致命的错误，如引用空对象等，系统也会自动产生一个对应的异常对象来处理和控制这个错误，避免其蔓延或产生更大的问题。

表 7-1 部分常用的系统定义的异常

系统定义的运行异常	异常对应的系统运行错误
ClassNotFoundException	未找到相应的类
ArrayIndexOutOfBoundsException	数组越界
FileNotFoundException	未找到制定的文件或目录
IOException	输入、输出错误
NullPointException	引用空的尚无内存空间的对象
ArithmeticException	算术错误
InterruptedException	线程被其他线程打断
UnknownHostException	无法确定主机的 IP 地址
SecurityException	安全性的错误
MalformedURLException	URL 格式错误
…	……

【例 7-2】异常示例。

```java
public class C7_2{
    public static void main(String[] args){
        int a = 20, b = 6;
        int c = a/(b - 6);
        System.out.println("c = " + c);
    }
}
```

7.2.3 用户自定义的异常

系统定义的异常主要用来处理系统可以预见的较常见的运行错误，而对于某个应用程序所特有的运行错误，则需要编程人员根据程序的特殊逻辑在用户程序里自己创建用户自定义的异常类和异常对象。

用户自定义的异常通常采用 Exception 类作为父类，一般用如下结构：

```java
class MyException extends Exception{     //用户自定义的异常类子类 MyException
    public MyException(){     //用户自定义的异常类的构造方法
        …
    }
    public MyException(String s){
        super(s);    //调用父类 Exception 的构造方法
    }
    public String toString(){    //重载父类的方法,给出详细的错误信息
        …
    }
    …
}
```

用户自定义异常用来处理程序中可能产生的逻辑错误，使得这种错误能够被系统及时识

别并处理，而不致扩散产生更大的影响，从而使用户程序更为强健，有更好的容错性能，并使整个系统更加安全稳定。

创建用户自定义异常时，一般需要完成如下工作：

1）声明一个新的异常类，使其以 Exception 类或其他某个已经存在的系统异常类或用户异常为父类。

2）为新的异常类定义属性和方法，或重载父类的属性和方法，使这些属性和方法能够体现该类所对应的错误信息。

7.3 抛出异常

Java 程序在运行时如果引发了一个可以识别的错误，就会产生一个与该错误相对应的异常类的对象，这个过程叫作异常的抛出，实际是相应异常类对象的实例的抛出。根据异常类的不同，抛出异常的方式也有所不同。

7.3.1 系统自动抛出异常

系统定义的异常都是由系统自动的抛出，即一旦出现这些运行错误，系统将会为这些错误产生对应异常类的实例。下面通过例 7-3 的程序来进行解释。

【例 7-3】系统自动抛出异常。

```java
public class C7_3 {
    static void exceptionCaught(int index){
        System.out.println("---index = "+index+": Exception example ---");
        if(index == 1){
            System.out.println("No exception thrown");
            return;
        }
        else if(index == 2){
            int a = 0;
            int b = 10/a;    //抛出算术异常
            return;
        }
        else if(index == 3){
            int[] myArray = new int[6];
            myArray[6] = 10;
            return;
        }
    }
    public static void main(String[] args) {
        exceptionCaught(1);
        exceptionCaught(2);
        exceptionCaught(3);
    }
}
```

上面是一个简单的 Java 应用程序，第一次除数是 10，程序可以正常的运行，并得到结果 1；第二次错误的以 0 为除数，运行过程中将引发 ArithmeticException，这个异常是系统预先定义好的类，对应系统可以自动识别的错误，所以 Java 虚拟机遇到了这样的错误就会自动中止程序的运行，并新建一个 ArithmeticException 类的对象，即抛出了一个算术运行异常，如图 7-2 所示。

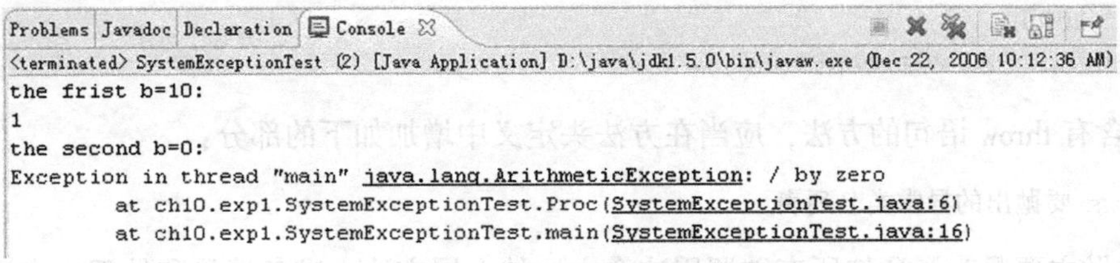

```
Problems  Javadoc  Declaration   Console 
<terminated> SystemExceptionTest (2) [Java Application] D:\java\jdk1.5.0\bin\javaw.exe (Dec 22, 2006 10:12:36 AM)
the frist b=10:
1
the second b=0:
Exception in thread "main" java.lang.ArithmeticException: / by zero
        at ch10.exp1.SystemExceptionTest.Proc(SystemExceptionTest.java:6)
        at ch10.exp1.SystemExceptionTest.main(SystemExceptionTest.java:16)
```

图 7-2　系统定义的异常在运行中被抛出

7.3.2　throw 语句抛出的异常

一般用户自定义的异常不可能依靠系统自动抛出，而必须用 Java 语句抛出。throw 语句用来明确的抛出一个"异常"。首先，必须知道什么样的情况算是产生了某种异常对应的错误，并应该为这个异常类创建一个实例，再用 throw 语句抛出。throw 语句的通常格式如下：

返回类型 方法名(参数列表) throws 要抛出的异常类名列表{
　　…
　　throw 异常类实例;
　　…
}

其中，throw 用来抛出某个异常类对象，throws 用来标明一个成员函数可能抛出的各种异常。

【例7-4】利用 throw 语句抛出系统定义的异常。

```java
public class C7_4 {
    static void exceptionExample(int index){
        System.out.println("---index = "+index+": Exception example ---");
        if(index == 1){
            System.out.println("No exception thrown");
            return;
        }
        else if(index == 2){
            throw new ArithmeticException("出现被0除的算术异常");
        }
        else if(index == 3){
            throw new ArrayIndexOutOfBoundsException("出现数组下标越界的异常");
        }
    }
    public static void main(String[] args) {
        exceptionExample(1);
        exceptionExample(2);
        exceptionExample(3);
    }
}
```

使用 throw 语句抛出异常时应注意以下几个问题：

1）一般这种抛出语句应定义为满足某种条件时执行，例如往往把 throw 语句放在 if 语句中，当某个 if 条件满足时，才用 throw 语句抛出相应的异常，例如：

```
if(i >100)
    throw(new MyException());
```

2）含有 throw 语句的方法，应当在方法头定义中增加如下的部分：

```
throws 要抛出的异常类名列表
```

这样做主要是为了通知所有欲调用这个方法的上层方法，准备接受和处理它在运行中可能会抛出的异常。如果方法中抛出的异常种类不止一个，则应该在方法头 throws 中列出所有可能的异常。如上面的例子应该包含在如下的方法 MyMethod()中：

```
void MyMethod() throws MyException{  //可能在程序中抛出 MyException 异常
    ...
    if(i >100)
        throw(new MyException());
    ...
}
```

若某个方法 MyMethod()可能产生 Exception1、Exception2 和 Exception3 这 3 种异常，而它们又都是 Super_Exception 类的子类，如图 7-3 所示，则应在相应的方法中声明可能抛出的异常类：

```
void MyMethod() throws Exception1,Exception2,Exception3{
    ...  //可能在程序中抛出这 3 个异常
}
```

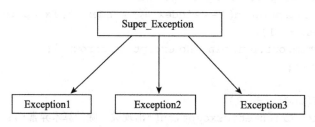

图 7-3　异常类继承关系

除了以上这种声明抛出 Exception1、Exception2 和 Exception3 等 3 种异常之外，还可以只简单地声明抛出 Super_Exception。下面这种方式和上面的是等价的：

```
void MyMethod() throws Super_Exception{
    ...  //可能在程序中抛出这 3 个异常的父类
}
```

在 Java 语言中如果调用了一个可能产生异常的方法，则当前的方法也可能会抛出这个异常，所以在当前的方法中也要对这个异常类进行声明。例如，下面程序中，方法 YourMethod()要调用上面定义的方法 MyMethod()：

```
void YourMethod() throws Super_Exception{
    ...
    MyMethod();    //在程序中调用了可能会抛出异常的方法
    ...
}
```

3) Java 语言要求所有用 throws 关键字声明的类和用 throw 抛出的对象必须是 Throwable 类或其子类。如果试图抛出一个不是可抛出（Throwable）对象，Java 编译器将会报错。

下面一个程序要求用户输入长度在 5～10 之间的字符串，如果长度小于 5，则发生字符串太短的异常；如果长度大于 10，则发生字符串太长的异常。程序中定义了用户异常类 StringTooLongException 和 StringTooShortException，分别处理用户输入字符串太短、太长的异常。

【例 7-5】throws 语句抛出用户自定义的异常。

```
class StringTooShortException extends Exception{   //自定义字符串太短异常类
    public StringTooShortException(String s){
        System.out.println(s+" is too short!");
    }
}

class StringTooLongException extends Exception{    //自定义字符串太短异常类
    public StringTooLongException(String s){
        System.out.println(s+" is too long!");
    }
}
```

类 C7_5 中的方法 myFunc（String s）有可能抛出这两种异常，在方法头中就要用 throws 语句一一列举出来。

```
public class C7_5{
    static void myFunc(String s)throws StringTooShortException, StringTooLongException{    /*利用 throws 抛出异常*/
        if(s.length() >=5 && s.length() <=10)
            System.out.println(s);    //没有异常发生,正常显示字符串信息
        else if(s.length() <5)
            throw new StringTooShortException(s);    //抛出字符串太短异常
        else
            throw new StringTooLongException(s);    //抛出字符串太长异常
    }
}
```

7.4 处理异常

异常的处理主要包括捕捉异常、程序流程的跳转和异常处理语句块的定义。Java 语言提供了 try-catch-finally 语句来捕捉一个或多个异常，并进行处理。该块语句的具体格式如下：

```
try{    //可能出现异常的程序代码
    语句 1
```

```
       …
       语句 n
    }
    catch(异常类型 1,异常对象 e1){
       …   //进行异常类型 1 的处理
    }
    catch(异常类型 2,异常对象 e2){
       …   //进行异常类型 2 的处理
    }
    catch(异常类型 3,异常对象 e3){
       …   //进行异常类型 3 的处理
    }
    …
    finally{   //其他处理程序代码
       语句 1
       …
       语句 n
    }
```

Java 异常的捕捉和处理过程如下：把程序中可能出现异常的语言包含在 try 引导的语句块中；在 try 语句块之后紧跟一个或多个 catch 语句块，用于处理各种指定类型的异常；catch 语句块后，可以跟一个 finally 语句块，该语句块中一般包含了用于清除程序现场的语句。不论 try 语句块中是否出现异常，catch 语句块是否被执行，最后都要执行 finally 语句块。

下面详细地介绍 Java 捕捉和处理异常的语句。

1）try 语句块。在 try 语句块中包含了可能会抛出一个或多个异常的一段程序代码，这些代码实际上指定了它后面的 catch 语句块所能捕捉的异常的范围。

Java 程序运行到 try 语句块中的语句时如果产生了异常，就不再继续执行该语句块中剩下的语句，而是直接进入第一个 catch 语句块中寻找与之匹配的异常类型并进行处理。

2）catch 语句块。catch 语句块的参数类似于方法中的参数，包括一个异常类型和一个异常对象。异常类型必须为 Throwable 类的子类，它指明了 catch 语句块所处理的异常类型；异常对象则由 Java 运行时系统在 try 语句块所指定的程序代码块中生成并捕获，大括号中包含异常对象的处理，其中可以调用对象的方法。

catch 语句块可以有多个，分别处理不同类型的异常。Java 运行时系统从上到下分别对每个 catch 语句块处理的异常类型进行检测，直到找到与之相匹配的 catch 语句块为止。这里，类型匹配指 catch 语句块所处理的异常类型与生成的异常对象的类型完全一致或者是它的父类。在 try 语句块与 catch 语句块之间，以及相邻的 catch 语句块之间，不允许出现其他程序代码。

3）finally 语句块。finally 语句块可以说是为异常处理事件提供的一个清理机制，一般用来关闭文件或释放其他系统资源。在 try-catch-finally 语句中可以没有 finally 语句块。

如果没有 finally 语句块，则当 try 语句块指定的程序代码抛出一个异常时，其他的程序代码就不会被执行；如果存在 finally 语句块，则不论 try 语句块中是否发生了异常，是否执行过 catch 语句块的语句,都要执行 finally 语句块中的语句。可见,finally 语句块的语句为异常处理提供了一个统一的出口。

【例 7-6】 利用 try-catch 语句捕捉并处理系统自动抛出的异常。

```java
public class C7_6 {
    static void exceptionExample(int index)throws ArithmeticException,ArrayIndexOutOfBoundsException{
        System.out.println("---index = "+index+": Exception example ---");
        try{
            if(index == 1){
                System.out.println("No exception caught");
                return;
            }
            else if(index == 2){
                int a = 0;
                int b = 10/a;    //引发算术异常语句
                return;
            }
            else if(index == 3){
                int[] arr = new int[10];
                arr[10] = 20;    //引发数组下标越界异常语句
                return;
            }
        }
        catch(ArithmeticException e){    //捕捉并处理算术异常程序段
            e.printStackTrace();
        }
        catch(ArrayIndexOutOfBoundsException e){    /*捕捉并处理数组下标越界异常程序段*/
            e.printStackTrace();
        }
        catch(Exception e){    //捕捉并处理其他异常程序段
            e.printStackTrace();
        }
    }
    public static void main(String[] args) {
        exceptionExample(1);
        exceptionExample(2);
        exceptionExample(3);
    }
}
```

【例 7-7】 将上例改写为使用 try-catch-finally 语句处理系统自动抛出的异常。

```java
public class C7_7 {
    static void exceptionExample(int index)throws ArithmeticException,ArrayIndexOutOfBoundsException{
        System.out.println("---index = "+index+": Exception example ---");
```

```java
        try{
            if(index == 1){
                System.out.println("No exception caught");
                return;
            }
            else if(index == 2){
                int a = 0;
                int b = 10/a;
                return;
            }
            else if(index == 3){
                int[] arr = new int[10];
                arr[10] = 20;
                return;
            }
        }
        catch(ArithmeticException e){
            System.out.println(e.getMessage());
        }
        catch(ArrayIndexOutOfBoundsException e){
            System.out.println(e.getMessage());
        }
        catch(Exception e){
            System.out.println(e.getMessage());
        }
        finally{
            System.out.println("* * * Finally statement execute! * * *");
        }
    }
    public static void main(String[] args) {
        exceptionExample(1);
        exceptionExample(2);
        exceptionExample(3);
    }
}
```

【例7-8】使用 try-catch-finally 语句捕捉处理 throw 语句抛出的异常。

```java
public class C7_8 {
    static void exceptionExample(int index) throws ArithmeticException, ArrayIndexOutOfBoundsException{
        System.out.println("---index = " + index + ": Exception example ---");
        try{
            if(index == 1){
                System.out.println("No exception caught");
                return;
            }
```

```java
            else if(index == 2){
                throw new ArithmeticException("出现被0除的算术异常");
            }
            else if(index == 3){
                throw new ArrayIndexOutOfBoundsException("出现数组下标越界异常");
            }
        }
        catch(ArithmeticException e){
            e.printStackTrace();
        }
        catch(ArrayIndexOutOfBoundsException e){
            e.printStackTrace();
        }
        catch(Exception e){
            e.printStackTrace();
        }
        finally{
            System.out.println("***Finally statement execute!***");
        }
    }
    public static void main(String[] args) {
        exceptionExample(1);
        exceptionExample(2);
        exceptionExample(3);
    }
}
```

本章小结

本章主要介绍了什么是异常、为什么会有异常、Java 的异常机制是什么、在 Java 中有哪些异常以及如何定义和处理异常。

异常指的是程序运行时出现的非正常情况，可以是由于程序设计本身的错误，也有可能是由于运行中出现了不可解决的问题造成了异常。异常往往会导致程序运行失败。

在 Java 语言中提供了一系列的异常处理方法。在 Java 程序中出现的异常都是以某个异常类的实例（对象）形式存在。在 Java 程序中产生了异常，就是创建了对应异常类的实例（对象），并把它"抛出"来。

所有的异常类都是 Throwable 类的子类，它有 Exception 和 Error 两个直接子类，前者是用户可以捕捉到的异常，也是 Java 异常处理的对象，后者对应一些系统的错误。

异常都是 Exception 类的子类，分为两种，一种是在 Java 类库中已经定义好的，称为系统定义的运行异常，它在对应的错误发生时，会自己自动地创建实例（对象），并把自己"抛出"，如以零作除数、数组越界等；另一种是由用户自己根据所设计软件的具体情况定义的异常，它也是 Exception 类或它的某个子类的子类，这一类异常在错误产生时无法自动地抛出，而是要用户设计代码创建对应的对象，并手动地用 throw 语句抛出。当然，凡是用户定义的异常，还要在可能产生这些异常的地方用 throws 语句声明这些异常类。用户只有定义了异常类，系统才能够识别特定的运行错误，从而及时控制和处理运行错误，所以定义正确的异常类是创建一个稳定的应用程序的重要基础之一。

在 Java 的异常处理机制中，最重要的是异常的捕捉和处理。Java 语言用 try-catch-finally 语句来捕捉和处理异常。在 try 语句块后面必须有一个或多个 catch 语句块，最后可以有一个 finally 语句块。把有可能产生异常的语句放在 try 语句块中，由该语句块发出异常，然后根据 catch 语句块提供的参数和异常类的匹配情况由某个 catch 语句块捕捉相应的异常并处理这个异常。最后如果提供了 finally 语句块，则执行该语句块，否则不执行。

异常处理可以提高程序的健壮性，因此学会如何处理异常，以及如何在程序中应用异常处理机制来提高所设计程序的健壮性，从而设计出更完善的程序，是学习 Java 编程中的一个非常关键的问题。

习题 7

一、选择题

1. 关于异常的定义，下列描述中最正确的一个是（   ）。
   A. 程序编译错误
   B. 程序语法错误
   C. 程序自定义的异常事件
   D. 程序编译或运行中所发生的可预料或不可预料的异常事件，它会引起程序的中断，影响程序的正常运行
2. 抛出异常时，应该使用（   ）子句。
   A. throw   B. catch   C. finally   D. throws
3. 自定义异常类时，可以通过（   ）进行继承。
   A. Error 类   B. Applet 类
   C. Exception 类及其子集   D. AssertionError 类
4. 当方法产生该方法无法确定该如何处理导演时，应该（   ）。
   A. 声明异常   B. 捕获异常   C. 抛出异常   D. 嵌套异常
5. 对于 try 和 catch 语句块的排列方式，下列说法正确的是（   ）。
   A. 子类异常在前，父类异常其后
   B. 父类异常在前，子类异常其后
   C. 只能有子类异常
   D. 父类异常和子类异常不能同时出现在同一个 try 程序段内
6. 下列 Java 语言中的常用异常类中，属于检测异常的是（   ）。
   A. ArithmeticException   B. FileNotFoundException
   C. NullPointerException   D. IOException
7. 下列描述中，错误的是（   ）。
   A. 一个程序抛出异常，任何其他在运行中的程序都可以捕获
   B. 算术溢出需要进行异常处理
   C. 在方法中监测到错误但不知道如何处理错误时，方法就声明一个异常

D. 任何没有被程序捕获的异常将最终被默认处理程序处理
8. 下列描述中，正确的是（　　）。
   A. 内存耗尽不需要进行异常处理
   B. 除数为零需要进行异常处理
   C. 异常处理通常比传统的控制结构流效率更高
   D. 编译器要求必须设计实现优化的异常处理
9. 下列错误不属于 Error 的是（　　）。
   A. 动态链接失败　　B. 虚拟机错误　　C. 线程死锁　　D. 被零除
10. 下列描述中，错误的是（　　）。
    A. 异常抛出点后的代码在抛出异常后不再执行
    B. 任何没有被程序捕获的异常将最终被默认处理程序处理
    C. 异常还可以产生于 Java 虚拟机内部的错误
    D. 一个 try 语句块后只能跟有一个 catch 语句块
11. 下列描述中不属于 Java 异常处理机制优点的是（　　）。
    A. 把错误处理代码从正常代码中分离出来
    B. 按错误类型和差别分组
    C. 对无法预测的错误的捕获和处理
    D. 能够处理任何类型的错误
12. 下列方法中不能用于获取异常信息的是（　　）。
    A. toString( )　　B. getMessage( )　　C. drawline( )　　D. printStackTrace( )
13. 下列描述中，不属于 finally 语句块应有的功能是（　　）。
    A. 释放资源　　B. 关闭文件　　C. 分配资源　　D. 关闭数据库
14. 下列关于抛出异常的描述中，错误的是（　　）。
    A. 任何从 Throwable 类派生的类都可以用 throw 语句抛出
    B. Exception 类和 Error 类是 Throwable 类的直接派生类
    C. 异常抛出点后的代码在抛出异常后不再执行
    D. Exception 代表系统严重错误，一般程序不处理这类错误
15. 一个 catch 语句块一定总和（　　）相联系。
    A. try 语句块　　B. finally 语句块　　C. throw　　D. throws

二、填空题

1. 在 Java 语言中，为将源代码编译成_____时产生的错误为编译错误，而将程序在_____时产生的错误称为运行错误。
2. Java 的异常类可以分为_____类和_____类。
3. Java 语言声明_____类为会产生"严重错误"的类。
4. 自定义的异常类必须为_____的子类。
5. 要继承自定义异常类的继承方式必须使用_____关键字。
6. Java 发生异常状况的程序代码放在_____语句块中，将要处理异常状况的处理主式放在_____语句块中，而_____语句块则是必定会执行的语句块。其中_____语句块可以有多个，以捕获各种不同类型的异常事件。

7. 任何没有被程序捕获的异常将最终被_____处理。
8. 当在一个方法的代码中抛出一个检测异常时，该异常或被方法中的_____捕获，或者在方法的_____中声明。
9. 异常处理机制可以允许根据具体的情况选择在何处处理异常，可以在_____捕获并处理，也可以用 throws 子句把它交给调用栈中_____去处理。
10. 方法 FileInputStream.read( ) 可能产生_____异常。

三、判断题

1. try 语句块后面通常跟有一个或多个 catch 语句块用来处理 try 语句块内生成的异常事件。( )
2. 使用 try-catch-finally 语句只能捕获一个异常。( )
3. try-catch 语句不可以嵌套使用。( )
4. Error 类所定义的异常是无法捕获的。( )
5. IOException 异常是非运行时异常，必须在程序中抛弃或捕获。( )
6. 用户自定义异常类是通过继承 Throwable 类来创建的。( )
7. 当一个方法在运行过程中产生一个异常，则这个方法会终止，但是整个程序不一定终止运行。( )

四、编程题

下面程序抛出了一个异常并捕捉它。请在横线处填入适当内容完成程序。

```
class E7_4 {
    static void procedure() throws IllegalAccessExcepton {
        System.out.println("inside procedure");
        throw _____ IllegalAccessException("demo");
    }
    public static void main(String[] args) {
        Try {
            procedure();
        }
        _____ {
            System.out.println("捕获:" + e);
        }
    }
}
```

第 8 章 输入与输出

学习目标

1. 了解流的概念（8.1）。
2. 掌握文件类操作磁盘文件的方法（8.2）。
3. 掌握字节输入/输出流的使用方法（8.3）。
4. 掌握字符输入/输出流的使用方法（8.4）。
5. 掌握标准输入与输出的使用方法（8.5）。

8.1 输入/输出流概述

当程序需要读取磁盘上的数据或将程序中得到的数据永久保存时，如何读入数据？如何把数据存储到磁盘中？Java 的 I/O 技术可以对数据进行输入/输出处理，掌握 I/O 处理技术能有效处理数据传递问题。

流是一个形象的概念，当程序需要读取（输入）数据的时候，就会开启一个通向数据源的通道，这个数据源可以是文件、内存及网络连接等。类似地，当程序需要写入（输出）数据时，会开启一个通向目的地的通道，这个目的地可以是文档、磁盘、网络、内存或其他应用程序等。流好像是在计算机的输入/输出设备之间建立一条通道，数据好像是在通道中"流动"一样。图 8-1 所示为流的输入/输出示意。

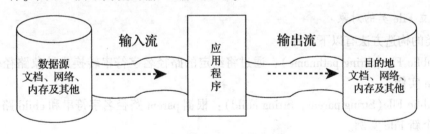

图 8-1 输入/输入流示意图

采用流的机制可以使数据有序地进行输入/输出。I/O 流中输入流数据来自源，程序从源中读取数据；输出流指向目的地，程序通过输出流把产生的数据传到目的地。I/O 流中源和目的地都可以经常与磁盘文件存取有关，也可以是键盘、鼠标、内存及显示器等。

一个被打开的流会占系统资源，可能会影响其他程序得不到相关资源。当使用完流后，应显示地关闭任何打开的流。如果不显示地关闭打开的流，Java 在程序结束运行时也会自动关闭所有打开的流。

Java 中的流类，从功能上可分为输入流/输出流（I/O 流），从所操作的数据单位来看可分为字节流和字符流。所有输入流类都是抽象类 InputStream（字节输入流）或 Reader（字符输入流）的子类，所有输出流都是 OutputStream（字节输出流）或 Writer（字符输出流）

的子类。InputStream/OutputStream 类和 Reader/Writer 类都直接继承自 Java 的根类 Object，它们各自形成一个独立的继承体系，如图 8-2 所示。

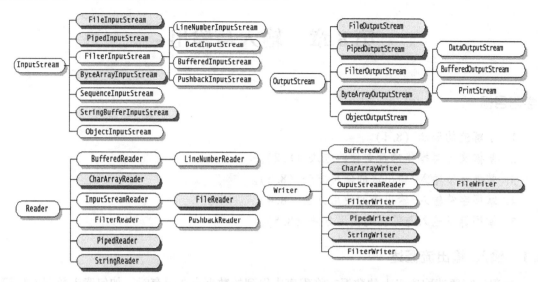

图 8-2　InputStream/OutputStream 类和 Reader/Writer 类的继承体系

8.2　文件

Java 中的 File 类处理文件和文件系统，可以对目录进行管理，如文件的创建、删除和重命名等；也可以获取或设置文件的属性信息，如文件所在的目录、文件的长度、文件读写权限和文件的日期等，但不涉及文件的读写操作。

8.2.1　File 类

1. 建立 File 类的对象

File 类的构造方法有以下 4 种。

1) public File(String pathname)：通过将给定的路径名字符串转换成抽象路径名来创建一个新 File 实例。

2) public File(String parent, String child)：根据 parent 路径名字符串和 child 路径名字符串创建一个新 File 实例。

3) public File(File parent, String child)：根据 parent 抽象路径名和 child 路径名字符串创建一个新 File 实例。

4) public File(URI uri)：通过给定的 URI 转换成一个抽象路径名来创建一个新 File 实例。

可以使用 File 类的如下 4 个构造方法来创建 File 对象：

1) new File(String pathname)。例如：

```
File file = new File("F:\\javawork\\10-1.txt");
```

2) new File(String parent, String child)。例如：

```
File file = new File("F:\\javawork","10-1.txt");
```

3) new File(File parent, String child)。其中，parent 为 File 对象。例如，先创建一个 File 对象 dir：

```
File dir = new File("F:\\javawork");
```

使用 dir 再创建一个 File 对象 file：

```
File file = new File(dir,"10-1.txt");
```

4) new File(URI uri)。其中，URI 为统一资源定位标识符，可参见 URI 类。

2. File 类方法的使用

File 类中的方法可以获取文件本身的一些信息，也可以对目录、文件进行管理。常用的方法见表 8-1。

表 8-1 File 类中的常见方法

方法	说明
public String getName( )	返回文件名
public String getParent( )	返回父路径的路径名字符串
public boolean isAbsolute( )	判断是否为绝对路径名
public String getAbsolutePath( )	返回抽象路径的绝对路径名字符串
public boolean canRead( )	判断文件是否可读
public boolean canWrite( )	判断文件是否可写
public boolean exists( )	判断文件是否存在
public boolean isDirectory( )	判断文件是否为一个目录
public boolean isFile( )	判断是否为一个标准文件
public boolean isHidden( )	判断是否为隐藏文件
public long lastModified( )	返回文件最后一次被修改的时间
public long length( )	返回文件的长度,如果路径名为目录则返回值不确定
public boolean delete( )	删除文件或目录
public String[ ] list( )	返回目录中的文件和目录的名称所组成字符串数组
public boolean mkdir( )	创建指定的目录
public boolean mkdirs( )	创建此抽象路径名指定的目录,包括创建必需但不存在的父目录
public boolean renameTo(File dest)	重命名文件
public boolean setLastModified(long time)	设定文件最后修改时间
public boolean setReadOnly( )	设定文件只读
public static File[ ] listRoots( )	列出可用的文件系统根目录
public int compareTo(File pathname)	按字母顺序比较两个抽象路径名
public boolean equals(Object obj)	测试此抽象路径名与给定对象是否相等

【例 8-1】 新建文件并查询文件属性。在 F 盘的 javawork 文件夹下新建一个文件 task8_1.txt，获取该文件的文件名称、父目录、长度、是否可写、最后修改日期等信息。

新建一个文件使用方法 createNewFile()，运用此方法需要捕捉异常；获取文件信息的方法有 getName()、getParent()、length()、canWrite()、lastModified() 等。程序代码如下：

```java
import java.io.*;
class C8_1{
    public static void main(String[] args){
        File file = new File("F:\\javawork\\task8_1.txt");  //创建文件对象
        if(!file.exists()){    //判断该文件是否存在
            try{
                file.createNewFile();
            }
            catch(IOException exp1){
                System.out.println("create file error!");
            }
        }
        String name = file.getName();    //获得文件名
        String parent = file.getParent();   //获得父目录名
        long length = file.length();    //获得文件长度
        boolean canwrite = file.canWrite();   //判断文件是否可写
        long lastdate = file.lastModified();    //获得文件最后修改时间
        System.out.println("filename: " + name + " \nparentpath: " + parent + " \nlength: " + length + " \nlastdate: " + lastdate);   //输出结果
    }
}
```

注意：if 语句判断文件对象是否存在，当文件对象不存在，可使用方法 createNewFile() 创建一个空文件，运用此方法需捕捉异常。

程序运行结果如下：

```
filename: task8_1.txt
parentpath: F:\javawork
length: 0
lastdate: 1365686184402
```

第一次运行程序时，F:\javawork 新建了一个空的 task8_1.txt 文件，文件长度为 0。写入若干字符到 F:\javawork\task8_1.txt 文件中，如图 8-3 所示。

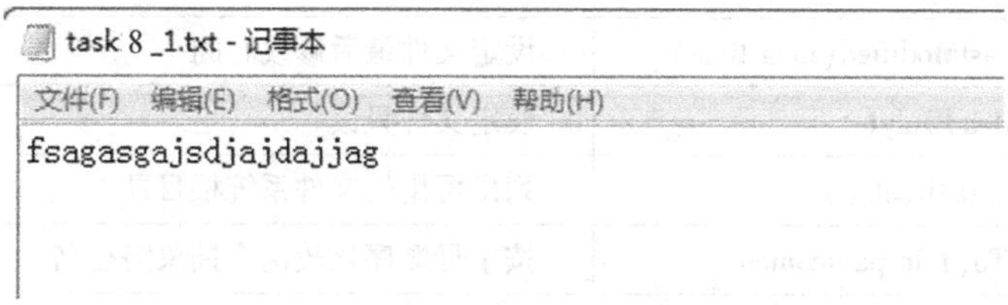

图 8-3　加入若干字符到文件 task8_1.txt 中

再次运行程序,结果如下:

```
filename:task8_1.txt
parentpath:F:\javawork
length:20
lastdate:1365686630389
```

可以看出,修改文件 task8_1.txt 文件后,其文件属性信息发生变化。

【例 8-2】 目录管理。列出 F 盘的 javawork 文件夹下所有文件和子目录,并能创建及删除目录。在 javawork 文件夹中存在的子目录和文件如图 8-4 所示。

名称	修改日期	类型	大小
task8_2_2.txt	2013/4/11 23:12	文本文档	0 KB
task8_2_1.txt	2013/4/11 23:12	文本文档	0 KB
task8_1.txt	2013/4/11 21:23	文本文档	1 KB
task8_2_1	2013/4/11 23:13	文件夹	
task8_2_2	2013/4/11 23:11	文件夹	

图 8-4 F:\javawork 目录结构图

方法 isDirectory() 用于判断是否为目录,使用方法 list() 提取目录中子目录及文件列表。判断列表中每个文件名生成的文件对象是否为目录,如果不是目录则是文件,并输出结果。使用方法 mkdir() 创建目录,删除目录使用方法 delete()。程序代码如下:

```java
import java.io.*;
class C8_2 {
    public static void main(String[] args) {
        String dirname = "F:\\javawork";
        File file = new File(dirname);    //创建文件对象
        if(file.isDirectory()) {    //判断是否为目录
            System.out.println(dirname + "目录包含的内容:");
            String s[] = file.list();    //提取目录内部其他文件和子目录列表
            for(int i = 0;i < s.length;i ++) {
                File childfile = new File(dirname + "\\" + s[i]);    /*为内部文件或子目录创建文件对象*/
                if(childfile.isDirectory())    //判断是否为目录
                    System.out.println(s[i] + "是目录");
                else
                    System.out.println(s[i] + "是文件");
            }
        }
        else
            System.out.println(dirname + "不是一个目录");
    }
}
```

程序运行结果如下:

```
F:\javawork 目录包含的内容:
task8_1.txt 是文件
task8_2_1 是目录
task8_2_1.txt 是文件
task8_2_2 是目录
task8_2_2.txt 是文件
```

下面再实现创建及删除目录功能。使用方法 mkdir( )创建目录（目录名为 newdirectory），删除目录使用方法 delete( )，删除 task8_2_1 目录。在语句 "System. out. println（dirname + "不是一个目录"）;" 后加入以下语句：

```
File mddir = new File(dirname,"newdirectory");
mddir.mkdir();    //创建一个名为 newdirectoty 的子目录
File deldir = new File(dirname,"task8_2_1");
deldir.delete();   //删除 task8_2_1 目录
```

重新编译运行后，F:\javawork 目录结构如图 8-5 所示。

图 8-5　创建和删除目录后 F:\ javawork 的目录结构

> **注意**：当要删除的目录中含有其他文件时，此目录无法删除。当要创建的目录已存在时，此目录不再创建。

8.2.2　FileInputStream/FileOutputStream 类

FileInputStream/FileOutputStream 类是 Java 中的文件输入/输出流类。FileInputStream 类创建一个可以用来读取文件字节的输入流，从指定路径的文件中读取字节数据。FileOutputStream 类可以实现向磁盘文件写数据的功能。

1. FileInputStream 类

FileInputStream 类用来读取文件字节数据，常用的两个构造函数如下：

1）FileInputStream(File file)。
2）FileInputStream(String name)。

其中，file 是指一个文件对象，name 是文件系统中的路径名。用这两个构造函数创建两个 FileInputStream 对象：

```
File file = new File("F:\\javawork\\task8_1.txt");   //创建文件对象 file
FileInputStream f1 = new FileInputStream(file);
FileInputStream f2 = new FileInputStream("F:\\javawork\\task8_2.txt");
```

2. FileOutputStream 类

FileOutputStream 类可以实现向文件中写数据的功能，常用的 4 个构造函数如下：

1) FileOutputStream(File file)。
2) FileOutputStream(File file, boolean append)。
3) FileOutputStream(String name)。
4) FileOutputStream(String name, boolean append)。

其中，file 为文件对象；append 表示一个布尔值，当 append 取值为 true 时把字节数据写入文件末尾，而不是写入文件开始处；name 是文件系统中的路径名。

【例 8-3】使用 FileInputStream/FileOutputStream 对象，实现文件的读写操作。写若干字符到 F:\javawork 目录下的 task8_3.txt 文件中（字符追加到文件数据的末尾），然后将此文件中的数据显示在屏幕上。

FileOutputStream 对象将字符写入文件 task8_3.txt，F:\javawork 中如果不存在该文件，会自动新建文件，FileInputStream 对象可以读取该文件的内容。程序代码如下：

```
import java.io.*;
class C8_3 {
    public static void main(String[] args) {
        try{    //写数据
            FileOutputStream f1 = new FileOutputStream("F:\\javawork\\task8_3.txt",true);   //创建 FileOutputStream 实例,在文件末尾添加数据
            byte[] b = "这是任务 8-3 ".getBytes();    //创建字节数组
            f1.write(b);    //向文件中写数据
        }
        catch(Exception e) {
            e.printStackTrace();
        }
    }
}
```

第一次运行程序后，创建文件 task8_3.txt，并在此文件中写入内容，如图 8-6 所示。

图 8-6 第一次运行程序后的文件 task8_3.txt

可多次运行程序，每次都在文件末尾写入字节，文件 task8_3.txt 的内容如图 8-7 所示。如果每次都是从文件开始处写入数据，需要把上述程序代码中的"FileOutputStream f1 = new FileOutputStream("F:\\javawork\\task8_3.txt",true)"改为"FileOutputStream f1 = new FileOutputStream("F:\\javawork\\task8_3.txt")"。

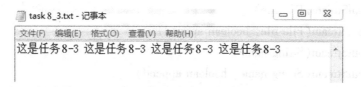

图 8-7 多次运行后 task8_3.txt 内容

下面实现读文件内容功能,在程序代码中加入以下读字节的语句:

```
int length;
try{     //读数据
    FileInputStream f2 = new FileInputStream("F:\\javawork\\task8_3.txt");
    //创建 FileInputStream 实例,读出 task8_3.txt 内容
    byte[] b2 = new byte[1024];     //创建 byte 对象
    while((length = f2.read(b2))! = -1) {   /*循环读取文件中的数据,判断是否到达文件末尾*/
        String s = new String(b2,0,length);   //对读取的信息创建字符串对象
        System.out.println("读出的数据是:" + s);   //输出读取的信息
    }
}
catch(Exception e) {
    e.printStackTrace();
}
```

程序运行结果如下:

读出的数据是:这是任务 8_3 这是任务 8_3 这是任务 8_3 这是任务 8_3 这是任务 8_3 这是任务 8_3

8.2.3 FileReader/FileWriter 类

FileReader/FileWriter 类用于实现文件字符输入流和文件字符输出流的各种方法。FileReader/FileWriter 对象可以从指定路径中读取或写入字符数据。

1. FileReader 类

FileReader 类常用的两个构造函数如下:

1) FileReader(File file):在给定 File 对象的情况下创建一个 FileReader 对象。

2) FileReader(String fileName):在给定文件名的情况下创建一个 FileReader 对象。

2. FileWriter 类

FileWriter 类常用的 4 个构造函数如下:

1) FileWriter(File file):在给出 File 对象的情况下构造一个 FileWriter 对象。

2) FileWriter(File file, boolean append):boolean 值如果为 true,则将数据写入文件末尾处。

3) FileWriter(String fileName):在给出文件名的情况下构造一个 FileWriter 对象。

4) FileWriter(String fileName, boolean append):在给出文件名的情况下构造 FileWriter

对象，boolean 值如果为 true，则将数据写入文件末尾处。

使用 FileInputStream/FileOutputStream 类和 FileReader/FileWriter 类实现文件的读取和写入相似，使用 FileWriter 类向文件写入字符串，不需要将字符串转换成字节数组。

【**例 8-4**】使用 FileReader/FileWriter 对象，实现文件的读写操作。写若干字符到 F:\javawork 目录下的文件 task8_4.txt 中（字符追加到文件数据的末尾），然后将此文件中的数据显示在屏幕上。

此任务与例 8-3 相似，此处采用 FileReader/FileWriter 对象进行读写数据。程序代码如下：

```java
import java.io.*;
class C8_4{
    public static void main(String[] args){
        try{    //写数据
            FileWriter f1 = new FileWriter("F:\\javawork\\task8_4.txt",true);
            //创建 FileWriter 实例,在文件末尾添加数据
            f1.write("hello");   //向文件中写数据
            f1.close();    //关闭流
        }
        catch(Exception e){
            e.printStackTrace();
        }
        int length;
        try{    //读数据
            FileReader f2 = new FileReader("F:\\javawork\\task8_4.txt");
            //创建 FileReader 实例,读出 task8_4.txt 内容
            char[] b = new char[1024];    //创建字符对象
            while((length = f2.read(b))! = -1){    /*循环读取文件中的数据,判断是否到达文件末尾*/
                String s = new String(b,0,length);    //对读取的信息创建字符串对象
                System.out.println("读出的数据是:" + s);    //输出读取的信息
            }
            f2.close();    //关闭流
        }
        catch(Exception e){
            e.printStackTrace();
        }
    }
}
```

第一次运行程序后，创建了文件 task8_4.txt，在此文件中写入内容，如图 8-8 所示。程序运行结果如下：

读出的数据是:hello

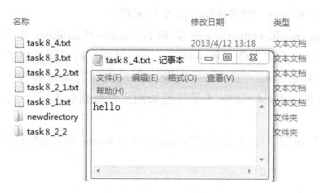

图 8-8 创建了 task8_4.txt 及写入了内容

8.3 字节流

字节流用于处理二进制数据的读取和写入。InputStream/OutputStream 类是字节流的抽象类，提供了数据流读取和写入的方法。字节流的子类包含 File、StringBuffer、ByteArray、Buffered 和 Data 等。

8.3.1 InputStream/OutputStream 类

InputStream/OutputStream 类是定义了字节输入/输出的抽象类，它们提供了其所有子类共用的一些方法以统一基本的读/写操作，它们不能直接生成对象，只能通过其子类来生成程序中需要的对象。

1. InputStream 类

InputStream 类处理任何类型的输入，该类包含的主要方法如下。

1）int available()：返回当前可以读取的字节数。
2）void close()：关闭此输入流并释放与该流关联的所有系统资源。
3）void mark(int readlimit)：在此输入流中标记当前的位置。
4）boolean markSupported()：测试此输入流是否支持方法 mark() 和 reset()。
5）abstract int read()：从输入流读取下一个数据字节。
6）int read(byte[ ] b)：从输入流中读取一定数量的字节并将其存储在缓冲区数组 b 中。
7）int read(byte[ ] b, int off, int len)：将输入流中最多 len 个数据字节读入字节数组。
8）void reset()：将此流重新定位到对此输入流最后调用方法 mark() 时的位置。
9）long skip(long n)：跳过和放弃此输入流中的 n 个数据字节。

2. OutputStream 类

OutputStream 类处理任何类型的输出，该类包含的主要方法如下。

1）void close()：关闭此输出流并释放与此流有关的所有系统资源。
2）void flush()：刷新此输出流并强制写出所有缓冲的输出字节。
3）void write(byte[ ] b)：将 b.length 个字节从指定的字节数组写入此输出流。
4）void write(byte[ ] b, int off, int len)：将指定字节数组中从偏移量 off 开始的 len 个字节写入此输出流。
5）abstract void write(int b)：将指定的字节写入此输出流。

8.3.2 ByteArrayInputStream/ByteArrayOutputStream 类

ByteArrayInputStream/ByteArrayOutputStream 类是字节数组输入流/字节数组输出流，它们分别使用字节数组作为流的源和目标。

1. ByteArrayInputStream 类

ByteArrayInputStream 类的两个构造函数如下。

1）ByteArrayInputStream(byte[ ] buf)：创建一个字节数组输入流，使用 buf 作为其缓冲区数组，数组字节流的源是 buf 的全部字节单元。

2）ByteArrayInputStream(byte[ ] buf, int offset, int length)：创建一个字节数组输入流，使用 buf 作为其缓冲区数组，数组字节流的源是从 buf 数组 offset 处开始取 length 个字节单元。

ByteArrayInputStream 类的主要方法如下。

1）int available( )：返回可不发生阻塞地从此输入流读取的字节数。

2）void close( )：关闭字节数组输入流。

3）void mark(int readAheadLimit)：设置流中的当前标记位置。

4）boolean markSupported( )：测试此字节数组输入流是否支持 mark/reset。

5）int read( )：从此输入流中读取下一个字节数据。

6）int read(byte[ ] b, int off, int len)：将最多 len 个数据字节从此输入流读入字节数组。

7）void reset( )：将缓冲区的位置重置为标记位置。

8）long skip(long n)：从此输入流中跳过 n 个输入字节。

2. ByteArrayOutputStream 类

ByteArrayOnputStream 类的常用构造函数如下。

1）ByteArrayOutputStream( )：创建一个新的字节数组输出流，将创建 32 个字节的缓冲器。

2）ByteArrayOutputStream(int size)：创建指定 size 大小的缓冲器的字节数组输出流。

3）void close( )：关闭字节数组输出流。

4）void reset( )：将此字节数组输出流的 count 字段重置为零，从而丢弃输出流中目前已累积的所有输出。

5）int size( )：返回缓冲区的当前大小。

6）byte[ ] toByteArray( )：创建一个新分配的字节数组。

7）String toString( )：将缓冲区的内容转换为字符串，根据平台的默认字符编码将字节转换成字符。

8）String toString(String enc)：将缓冲区的内容转换为字符串，根据指定的字符编码将字节转换成字符。

9）void write(byte[ ] b, int off, int len)：将指定字节数组中从偏移量 off 开始的 len 个字节写入此字节数组输出流。

10）void write(int b)：将指定的字节写入此字节数组输出流。

11）void writeTo(OutputStream out)：将此字节数组输出流的全部内容写入到指定的输出

流参数中,这与使用方法 out.write(buf,0,count) 调用该输出流的方法 write() 效果一样。

【例8-5】 从输入流接收若干字符,并将其转换成对应的 ASCII 码值。

使用 ByteArrayOutputStream 对象输出字节,使用 ByteArrayInputStream 对象接收输出流中的字节。程序代码如下:

```
import java.io.*;
class C8_5 {
    public static void main(String[] args) throws Exception {
        ByteArrayOutputStream out = new ByteArrayOutputStream(7);   /*创建字节数组输出流对象*/
        while(out.size()! =5)     //输入5个字节
            out.write(System.in.read());    //将字节写入缓冲区
        byte bb[] = out.toByteArray();     //新建字节数组 bb
        ByteArrayInputStream inp = new ByteArrayInputStream(bb);   /*创建字节数组输入流对象*/
        int c;
        while((c = inp.read())! = -1)
            System.out.printf("字符% c 对应 ASCII 码值% d \n",(char)c,c);
    }
}
```

程序运行结果如下:

```
0Aa;k
字符 0 对应 ASCII 码值 48
字符 A 对应 ASCII 码值 65
字符 a 对应 ASCII 码值 97
字符;对应 ASCII 码值 59
字符 k 对应 ASCII 码值 107
```

8.3.3　DataInputStream/DataOutputStream 类

DataInputStream/DataOutputStream 类创建的对象是数据输入流/数据输出流。DataInputStream 类中包含一系列方法来接收不同的数据类型;DataOutputStream 类中有一系列方法向目的地写入数据。

DataInputStream 类中读数据的常用方法如下。

1) readBoolean():读取一个布尔值。
2) readByte():读取一个字节。
3) readChar():读取一个字符。
4) readDouble():读取一个双精度浮点数。
5) readFloat():读取一个单精度浮点数。
6) readInt():读取一个整型值。
7) readUTF():读取一个 UTF 字符串。

相应地,DataOutputStream 类中写数据的常用方法如下。

1) writeBoolean(boolean v):把一个布尔值作为单字节值写入。

2) writeBytes(String s): 写入一个字符串。
3) writeChars(String s): 写入字符串。
4) writeDouble(double v): 写入一个双精度浮点值。
5) writeInt(int v): 写入一个整型值。
6) writeFloat(float v): 写入一个单精度浮点值。
7) writeUTF(String str): 写入一个 UTF 字符串。
8) DataInputStream(InputStream in): 创建的数据输入流是由参数 in 指定的输入流。
9) DataOutputStream(OutputStream out): 创建的数据输出流由参数 out 指定的输出流。

【例 8-6】将几种类型的数据写入 F:\javawork\task8_6.txt 中，再读出这些数据。

使用 DataOutputStream 对象输入各种类型的数据，并用 DataInputStream 对象读出各种类型的数据。程序代码如下：

```java
import java.io.*;
class C8_6 {
    public static void main(String[] args) throws Exception {
        //写数据
        File f = new File("F:\\javawork\\task8_6.txt");   //创建文件对象
        FileOutputStream fos = new FileOutputStream(f);   //创建文件输出流对象
        DataOutputStream dos = new DataOutputStream(fos); //创建数据输出流对象
        dos.writeInt(100);
        dos.writeUTF("使用方法 writeUTF()写入字符串;");
        dos.writeFloat(1.25f);
        fos.close();
        //读数据
        FileInputStream fis = new FileInputStream(f);     //创建文件输入流对象
        DataInputStream dis = new DataInputStream(fis);   //创建数据输入流对象
        System.out.println(dis.readInt());
        System.out.println(dis.readUTF());
        System.out.println(dis.readFloat());
        fis.close();
    }
}
```

写入数据后的文件 task8_6.txt 如图 8-9 所示，程序运行结果如下：

```
100
使用方法 writeUTF()写入字符串;
1.25
```

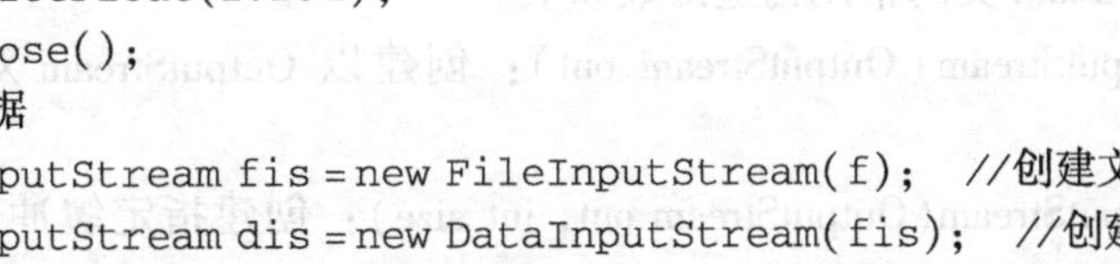

图 8-9 写入数据后的文件 task8_6.txt

> **注意**：当文件 task8_6.txt 不存在时，执行程序后会自动创建。写入文件的数据看起来是乱码，就像加密过的字符串。使用相应的方法读取数据，能返回之前写入的数据。方法 readChar( )读取一个字符，方法 readByte( )读取一个字节，无法使用一次方法 readChar( )或 readByte( )读回方法 writeChars( )和 writeBytes( )写入的字符串，可以使用 Reader 类和 Writer 类来操作。

8.3.4 BufferedInputStream/BufferedOutputStream 类

BufferedInputStream/BufferedOutputStream 类为缓冲输入流/缓冲输出流。缓冲流允许 Java 对多个字节同时进行 I/O 操作，提高了程序性能。

BufferedInputStream 类可以将任何输入流包装进缓冲流，使得在流上执行跳过方法 skip( )、标记方法 mark( )和重置方法 reset( )成为可能。

BufferedInputStream 类的常用构造函数如下。

1）BufferedInputStream(InputStream in)：创建以 InputStream 对象为例的缓冲输入流。

2）BufferedInputStream(InputStream in, int size)：创建指定缓冲区大小的缓冲输入流，其中 in 是输入流，size 是缓冲区大小。

BufferedOutputStream 类是缓冲字节输出流，其与 OutputStream 类不同之处在于 BufferedOutputStream 类有一个方法 flush( )将缓存区中的数据强制输出完。

BufferedOutputStream 类的常用构造函数如下。

1）BufferedOutputStream(OutputStream out)：创建以 OutputStream 对象为例的缓冲输出流。

2）BufferedOutputStream(OutputStream out, int size)：创建指定缓冲区大小的缓冲输出流，其中 out 是输出流，size 是缓冲区大小。

【例 8-7】使用缓冲输入流向文件 F:\javawork\task8_7.txt 中写入若干数据，再使用缓冲输出流读出这些数据。

使用 BufferedOutputStream 对象写入数据，并用 BufferedInputStream 对象读出数据。程序代码如下：

```
import java.io.*;
class C8_7{
    public static void main(String[] args) throws Exception{
        //写数据
        File f = new File("F:\\javawork\\task8_7.txt");   //创建文件对象
        FileOutputStream fos = new FileOutputStream(f);   //创建文件输出流对象
        BufferedOutputStream dos = new BufferedOutputStream(fos);   /*创建缓冲输出流对象*/
        byte[] b1 = "my8-7".getBytes();   //创建字节数组
        dos.write(b1);   //向流中写数据
        byte[] b2 = "task8-7".getBytes();
        dos.write(b2);
        dos.flush();   //刷新缓冲输出流
```

```
        dos.close();
        //读数据
        FileInputStream fis = new FileInputStream(f);   //创建文件输入流对象
        DataInputStream dis = new DataInputStream(fis); //创建缓冲输入流对象
        int read;
        while((read = dis.read())! = -1)
        System.out.print((char)read);   //输出读取的内容
        dis.close();
    }
}
```

写入数据后的文件 task8_7.txt 如图 8-10 所示。

图 8-10 写入数据后的 task8_7.txt

8.4 字符流

InputStream/OutputStream 类是字节输入/输出流，处理的数据单位为字节。它只提供对字节或字节数组的读取方法，如果使用字节流读取汉字（一个汉字占用两个字节），可能会出现乱码。Reader/Writer 类为字符输入/输出流，处理的数据单位为字符，使用字符输入/输出流只能传送文本类型的数据。

8.4.1 Reader/Writer 类

Reader/Writer 类是字符流的抽象类，定义了字符流读取和写入的基本方法，各个子类会实现或覆盖这些方法。

Reader 类与 InputStream 类的区别是 Reader 类对字符进行读取操作，而 InputStream 类是对字节进行读取操作。Writer 类和 OutputStream 类类似，可以写入一块字节或字符。

Reader 类的子类有 BufferedReader、CharArrayReader、FilterReader、InputStreamReader、PipedReader 和 StringReader。Writer 类的子类有 BufferedWriter、CharArrayWriter、FilterWriter、OutputStreamWriter、PipedWriter、PrintWriter 和 StringWriter。

8.4.2 InputStreamReader/OutputStreamWriter 类

InputStreamReader 类是字节流通向字符流的桥梁，使用指定的 charset 读取字节并将其解码为字符。它使用的字符集可以由名称指定或显式给定，否则可能接受平台默认的字符集。每次调用 InputStreamReader 中的方法 read() 都会导致从基础输入流读取一个或多个字节。要启用从字节到字符的有效转换，可以提前从基础流读取更多的字节，使其超过满足当前读取操作所需的字节。

OutputStreamWriter 是字符流通向字节流的桥梁，使用指定的 charset 将要向其写入的字符编码为字节。它使用的字符集可以由名称指定或显式给定，否则可能接受平台默认的字符集。每次调用方法 write() 都会针对给定的字符（或字符集）调用编码转换器。在写入基础输出流之前，得到的这些字节会在缓冲区累积。可以指定此缓冲区的大小，不过，默认的缓冲区对多数用途来说已足够大。

【例 8-8】 使用 Writer 类的子类 OutputStreamWriter 向 F:\javawork\task8_8.txt 文件中写入若干数据，再使用 Reader 类的子类 InputStreamReader 读出这些数据。程序代码如下：

```java
import java.io.*;
class C8_8 {
    public static void main(String[] args) throws Exception {
        //写数据
        File f = new File("F:\\javawork\\task8_8.txt");    //创建文件对象
        FileOutputStream fos = new FileOutputStream(f);    //创建文件输出流对象
        OutputStreamWriter dos = new OutputStreamWriter(fos);    //创建字符输出流对象
        char[] b1 = "任务 8-8 ".toCharArray();    //创建字符数组
        dos.write(b1);    //向流中写数据
        dos.write("这是汉字");
        dos.close();
        //读数据
        FileInputStream fis = new FileInputStream(f);    //创建文件输入流对象
        InputStreamReader dis = new InputStreamReader(fis);    //创建字符输入流对象
        int read;
        while((read = dis.read()) != -1)
            System.out.print((char)read);    //输出读取的内容
        dis.close();
    }
}
```

写入字符后的文件 task8_8.txt 如图 8-11 所示。

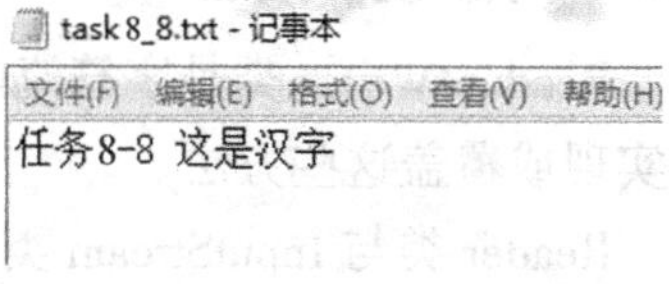

8.4.3 BufferedReader/BufferedWriter 类

BufferedReader/BufferedWriter 类的常用函数如下。

1) BufferedReader(Reader in)：创建一个使用默认大小输入缓冲区的缓冲字符输入流。

图 8-11 写入数据后的 task8_8.txt

2) BufferedReader(Reader in, int sz)：创建一个使用指定大小输入缓冲区的缓冲字符输入流。

3) BufferedWriter(Writer out)：创建一个使用默认大小输出缓冲区的缓冲字符输出流。

4) BufferedWriter(Writer out, int sz)：创建一个使用指定大小输出缓冲区的新缓冲字符输出流。

【例 8-9】使用 Reader 类的子类 BufferedReader 初始化为控制台的字符输入流，通过方法 read() 读取数据，使用 Writer 类的子类 BufferedWriter 将字符写入流，并由控制台输出。程序代码如下：

```java
import java.io.*;
class C8_9 {
    public static void main(String[] args) throws Exception {
        //读取数据
        InputStreamReader d2 = new InputStreamReader(System.in);
        BufferedReader dis = new BufferedReader(d2);    //创建字符缓冲输入流对象
        char[] st = new char[100];
        dis.read(st);
```

```
            String str = new String(st);
            dis.close();
            //输出数据
            OutputStreamWriter d1 = new OutputStreamWriter(System.out);
            BufferedWriter dos = new BufferedWriter(d1);    //创建字符缓冲输出流对象
            dos.write(str);
            dos.close();
        }
}
```

程序运行结果如下：

fhghhgsdfasg 你好
fhghhgsdfasg 你好

8.5 标准输入与输出

Java 语句定义了 3 个流对象 System.out、System.in 和 System.err，分别表示标准输入设备、标准输出设备和标准错误设备。

1) static PrintStream err："标准"错误输出流。
2) static InputStream in："标准"输入流。
3) static PrintStream out："标准"输出流。

用户经常通过键盘输入数据，键盘是标准的输入设备，可以通过标准输入流 in 读取键盘数据，常用方法如下。

1) abstract int read()：从输入流中读取下一个数据字节。
2) int read(byte[ ] b)：从输入流中读取一定数量的字节并将其存储在缓冲区数组 b 中。（见例 8-9）
3) int read(byte[ ] b, int off, int len)：将输入流中最多 len 个数据字节读入字节数组。

System 类含有的 out 成员变量是标准打印流（PrintStream）的对象，可以通过调用方法 print( )、printf( )、println( ) 或者 write( ) 来输出各种数据。

【例 8-10】 使用 System.out.print、System.out.printf 和 System.out.println 输出数据。

print 可输出各种类型数据，printf 可以通过格式符控制输出格式，println 输出后换行。程序代码如下：

```
import java.io.*;
class C8_10 {
    public static void main(String[] args) {
        int a = 12;
        float b = 12.0f;
        char c = 'a';
        String s = "I love you!";
        System.out.print(a);
        System.out.print(b);
        System.out.print(c);
        System.out.println(s);
```

```
            System.out.printf("% d   % f   % c   % s",a,b,c,s);
    }
}
```

程序运行后结果如下：

```
1212.0aI love you!
12 12.000000 a I love you!
```

使用 Scanner 类可以读取键盘输入的数据，它是一个可以使用正则表达式来分析基本类型和字符串的简单文本扫描器。创建 Scanner 对象的语句格式如下：

```
Scanner inr = new Scanner(System.in);
```

Scanner 类的常用方法如下。

1) hasNext()：如果此扫描器的输入中有另一个标记，则返回 true。
2) nextInt()、nextFloat()、nextLine()、nextByte()：读取相应类型数据。

Scanner 类使用分隔符模式将其输入分解为标记，默认情况下该分隔符模式与空白匹配。然后可以使用不同的 next 方法将得到的标记转换为不同类型的值。例如，以下代码使用户能够从 System.in 中读取一个数：

```
Scanner sc = new Scanner(System.in);
int i = sc.nextInt();
```

以下代码使 long 类型可以通过 myNumbers 文件中的项分配：

```
Scanner sc = new Scanner(new File("myNumbers"));
while (sc.hasNextLong()) {
    long aLong = sc.nextLong();
}
```

扫描器还可以使用不同于空白的分隔符。Scanner.useDelimiter(String pattern) 将此扫描器的分隔模式设置为从指定 String 构造的模式。

下面是从一个字符串读取若干项的示例：

```
String input = "1 fish 2 fish red fish blue fish";
Scanner s = new Scanner(input).useDelimiter("\\s*fish\\s*");
System.out.println(s.nextInt());
System.out.println(s.nextInt());
System.out.println(s.next());
System.out.println(s.next());
s.close();
```

输出结果如下：

```
1
2
red
blue
```

【例 8-11】使用 Scanner 对象获得键盘输入的数据，然后输出。

创建 Scanner 对象获得键盘输入数据，每输入一个数据按 < Enter > 键确认，最后以非数字字符结束输入。程序代码如下：

```java
import java.io.*;
import java.util.Scanner;
class C8_11 {
    public static void main(String[] args) {
        Scanner reader = new Scanner(System.in);
        while(reader.hasNextFloat()) {
            Float a = reader.nextFloat();
            System.out.printf("输入的数据是:% f \n",a);
        }
    }
}
```

程序运行结果如下：

```
12
输入的数据是:12.000000
10
输入的数据是:10.000000
d
```

8.6 其他流

1. 管道流

管道流是不同线程之间直接传输数据的基本手段。PipedInputStream 创建的对象为输入管道，PipedOutputStream 类创建的对象为输出管道。输出管道与输入管道连接就形成了一个传输数据的通道。使用这样的管道，用户可以在不同线程之间实现数据共享。

管道输入流应该连接到管道输出流；管道输入流提供要写入管道输出流的所有数据字节。通常，数据由某个线程从 PipedInputStream 对象读取，并由其他线程将其写入到相应的 PipedOutputStream。不建议对这两个对象尝试使用单个线程，因为这样可能死锁线程。管道输入流包含一个缓冲区，可在缓冲区限定的范围内将读操作和写操作分离开。如果向连接管道输出流提供数据字节的线程不再存在，则认为该管道已损坏。

2. 序列流

SequenceInputStream 表示其他输入流的逻辑串联。它从输入流的有序集合开始，并从第一个输入流开始读取，直到到达文件末尾，接着从第二个输入流读取，依次类推，直到到达包含的最后一个输入流的文件末尾为止。SequenceInputStream 常用构造函数如下：

1) SequenceInputStream(Enumeration < ? extends InputStream > e)：通过记住参数来初始化新创建的 SequenceInputStream，该参数必须是生成运行时类型为 InputStream 对象的 Enumeration 型参数。

2) SequenceInputStream(InputStream s1, InputStream s2)：通过记住这两个参数来初始化新创建的 SequenceInputStream（将按顺序读取这两个参数，先读取 s1，然后读取 s2），以提供从此 SequenceInputStream 读取的字节。

SequenceInputStream 常用方法如下。

1）int available( )：返回不受阻塞地从当前底层输入流读取（或跳过）的字节数的估计值，方法是通过下一次调用当前底层输入流的方法。

2）void close( )：关闭此输入流并释放与此流关联的所有系统资源。

3）int read( )：从此输入流中读取下一个数据字节。

4）int read(byte[ ] b, int off, int len)：将最多 len 个数据字节从此输入流读入 byte 数组。

3. 随机访问文件

RandomAccessFile 类创建的流的指向既可以作为源，也可以作为目的地，即创建一个指向文件的 RandomAccessFile 流就可以对这个文件进行读或者写操作。其常用构造方法如下。

1）RandomAccessFile(File file, String mode)：创建从中读取和向其中写入（可选）的随机访问文件流，该文件由 File 参数指定。

2）RandomAccessFile(String name, String mode)：创建从中读取和向其中写入（可选）的随机访问文件流，该文件具有指定名称。

本章小结

本章主要介绍了流的概念、如何使用文件类操作磁盘文件、如何使用字节流进行读写操作、如何使用字符流进行读写操作以及如何使用标准输入/输出流进行读写操作。

习 题 8

一、选择题

1. 下列数据流中，属于输入流的是（　　）。
   A. 从键盘流向内存的数据流　　　　B. 从内存流向硬盘的数据流
   C. 从键盘流向显示器的数据流　　　D. 从网络流向显示器的数据流
2. 下列类中可以实现在文件的任一个位置读写一个记录的是（　　）。
   A. RandomAccessFile　　　　　　　B. BufferedInputStream
   C. FileWriter　　　　　　　　　　D. FileReader
3. 下列是 Java 系统的标准输入流对象的是（　　）。
   A. System. err　　　　　　　　　　B. System. out
   C. System. exit　　　　　　　　　 D. System. in
4. 下列关于流类和 File 类的说法中，错误的是（　　）。
   A. File 类可以重命名文件　　　　　B. 流类可以修改文件内容
   C. File 类可以修改文件内　　　　　D. 流类不可以新建目录

二、编程题

1. 下列程序实现了在当前包 dir815 下新建一个目录 subDir815。请在横线处填入适当内容完成程序。

```
package dir815;
import java.io.*;
```

```
public class E8_2_1 {
    public static void main(String[] args){
        char ch;
        try{
            File path = _____
            if(path.mkdir())
                System.out.println("successful!");
        }
        catch(Exception e){
            e.printStackTrace();
        }
    }
}
```

2. 编写字符界面的 Java 应用程序，接收依次输入的 10 个整数数据，每个数据一行，将这些数据按升序排序后从系统的标准输出设备输出。

3. 通过 File 类来实现列出一个目录下所有的 *.class 文件。

4. 使用 Scanner 对象扫描控制台的输入，并输出。

5. 读出一个文件中的内容。

6. 用文件写入技术将水仙花数写入 sx3.txt 文件中。

第 9 章 多线程编程

学习目标

1. 了解 Java 中的多线程机制 (9.1)。
2. 掌握建立和实现线程的两种方法 (9.2)。
3. 了解线程的等待、同步和死锁 (9.3)。

9.1 多线程机制

9.1.1 线程概述

操作系统使用分时管理各个进程，按时间片轮流执行每个进程。Java 的多线程就是在操作系统每次分时给 Java 程序一个时间片的 CPU 时间内，在若干个独立的可控制的线程之间切换。如果将一个进程使用多个线程来处理，能充分利用 CPU，也能加快代码的执行时间。

几乎所有的操作系统都支持同时运行多个任务，一个任务通常就是一个程序，每个运行中的程序就是一个进程。当一个程序运行时，内部可能包含了多个顺序执行流，每个顺序执行流就是一个线程。

线程是程序运行的基本执行单元。当操作系统（不包括单线程的操作系统，如微软早期的 DOS）在执行一个程序时，会在系统中建立一个进程，而在这个进程中，必须至少建立一个线程（这个线程被称为主线程）来作为这个程序运行的入口点。因此，在操作系统中运行的任何程序都至少有一个主线程。

一个进程至少包含一个线程，如果包含两个以上线程，表示该进程是多线程操作，那就存在资源共享的问题。

与进程不同的是，同类多线程共享一块内存空间和一组系统资源，所以系统创建多线程开销相对较小。同其他大多数编程语言不同，Java 内置支持多线程编程（Multithreaded Programming）。多线程程序包含两条或两条以上并发运行的部分，把程序中每个这样的部分都叫作一个线程（Thread）。每个线程都有独立的执行路径，因此多线程是多任务处理的一种特殊形式。

多任务处理有两种截然不同的类型：基于进程的和基于线程的。进程（Process）本质上是一个执行的程序，因此基于进程的多任务处理的特点是允许用户计算机同时运行两个或更多的程序。举例来说，基于进程的多任务处理使用户在运用文本编辑器的时候可以同时运行 Java 编译器。在基于进程的多任务处理中，程序是调度程序所分派的最小代码单位。

而在基于线程（Thread-based）的多任务处理环境中，线程是最小的执行单位。这意味着一个程序可以同时执行两个或者多个任务的功能。例如，一个文本编辑器可以在打印的同时格式化文本。所以，多进程程序处理"大图片"，而多线程程序处理细节问题。

9.1.2 线程的状态

线程有新建、就绪、运行、阻塞和死亡 5 种状态，各种状态之间的转换如图 9-1 所示。

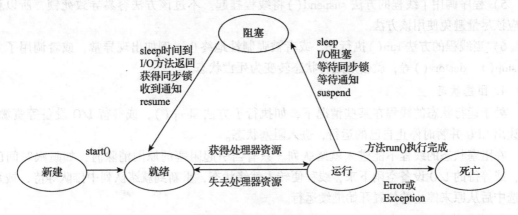

图 9-1 线程的生命周期

1. 新建状态

用 new 关键字和 Thread 类或其子类建立一个线程对象后，该线程对象就处于新生状态。处于新生状态的线程有自己的内存空间，通过调用方法 start() 进入就绪状态（Runnable）。

> **注意**：不能对已经启动的线程再次调用方法 start()，否则会出现 java.lang.IllegalThreadStateException 异常。

2. 就绪状态

处于就绪状态的线程已经具备了运行条件，但还没有被分配到 CPU，处于线程就绪队列（尽管是采用队列形式，事实上，把它称为可运行池而不是可运行队列，因为 CPU 的调度不一定是按照先进先出的顺序来调度的），等待系统为其分配 CPU。等待状态并不是执行状态，当系统选定一个等待执行的 Thread 对象后，它就会从等待执行状态进入执行状态，系统挑选的动作称为"CPU 调度"。一旦某线程获得 CPU，则该线程就进入运行状态并自动调用自己的方法 run()。

提示：如果希望子线程调用方法 start() 后立即执行，可以使用方法 Thread.sleep() 使主线程睡眠一会儿，转去执行子线程。

3. 运行状态

处于运行状态的线程最为复杂，它可以变为阻塞状态、就绪状态和死亡状态。处于就绪状态的线程，如果获得了 CPU 的调度，就会从就绪状态变为运行状态，执行方法 run() 中的任务。如果该线程失去了 CPU 资源，就会又从运行状态变为就绪状态，重新等待系统分配资源。也可以对在运行状态的线程调用方法 yield()，它就会让出 CPU 资源，再次变为就绪状态。

当发生如下情况时，线程会从运行状态变为阻塞状态：
1）线程调用方法 sleep() 主动放弃所占用的系统资源。
2）线程调用一个阻塞式 I/O 方法，在该方法返回之前，该线程被阻塞。

3）线程试图获得一个同步监视器，但更改同步监视器正被其他线程所持有。

4）线程在等待某个通知（Notify）。

5）程序调用了线程的方法 suspend( )将线程挂起。不过该方法容易导致死锁，所以程序应该尽量避免使用该方法。

6）当线程的方法 run( )执行完，或者被强制性地终止，例如出现异常，或者调用了方法 stop( )、destory( )等，就会从运行状态转变为死亡状态。

4. 阻塞状态

处于运行状态的线程在某些情况下，如执行了方法 sleep( )，或等待 I/O 设备等资源，将让出 CPU 并暂时停止自己的运行，进入阻塞状态。

在阻塞状态的线程不能进入就绪队列。只有当引起阻塞的原因消除时，如睡眠时间已到，或等待的 I/O 设备空闲下来，线程便转入就绪状态，重新到就绪队列中排队等待，被系统选中后从原来停止的位置开始继续运行。

5. 死亡状态

当线程的方法 run( )执行完，或者被强制性地终止，就认为它死去。这个线程对象也许是活的，但是，它已经不是一个单独执行的线程。线程一旦死亡，就不能复生。如果在一个死去的线程上调用方法 start( )，会抛出 java. lang. IllegalThreadStateException 异常。

9.1.3 线程的优先级

Java 为使有些线程可以优先得到 CPU 资源，可给线程设置优先级。在单个 CPU 上运行多线程时采用了线程队列技术，Java 虚拟机支持固定优先级队列，一个线程的执行顺序取决于其对其他 Runnable 线程的优先级。优先级分为 1~10 级，默认级别是 5 级。

设置线程的优先级用方法 setPriority( )，该方法也是 thread 类成员，通常形式如下：

```
final void setPriority(int level)
```

其中，level 指定了对所调用的线程的新的优先权的设置。level 的值必须在 MIN_PRIORITY 到 MAX_PRIORITY 范围内。通常，它们的值分别是 1 和 10，要返回一个线程为默认的优先级，指定 NORM_PRIORITY，通常值为 5。这些优先级在 Thread 中都被定义为 final 型变量。

通过调用 thread 类的方法 getPriority( )可以获得当前的优先级设置，语句格式如下：

```
final int getPriority()
```

注意：线程的优先级无法保障线程的执行次序。只不过，优先级高的线程获取 CPU 资源的概率较大，优先级低的并非没机会执行。

9.2 线程的建立和实现

实现多线程有两种方法：继承 Thread 类的方式和实现 Runnable 接口的方式。

9.2.1 继承 Thread 类

Java 语言中用 Thread 类或子类创建线程对象。Thread 类是 java. lang 包的一部分，用来实现独立的 Java 线程。用户可扩展 Thread 类，但是父类的方法 run( ) 中没有任何操作，所以需要重写父类的方法 run( ) 来规定线程的具体操作，否则线程什么都不做。创建线程对象后，调用方法 start( ) 使线程处于就绪状态。

【例 9-1】 继承 Thread 类的方式创建线程。

建立除主线程之外的两个线程，这两个线程分别输出字符串。主线程控制输出结束的时间，当其中任何一个线程输出 5 次后结束进程。编写一个继承自 Thread 类的子类，重写方法 run( )，负责输出字符串。在主方法中，创建两个线程，其中有一个线程输出达到 5 次后，结束进程。程序代码如下：

```java
class ThreadDemo1 extends Thread {
    int count =1,number;
    ThreadDemo1(int num) {
        number = num;
    }
    public void run() {
        while(true) {
            System.out.println("thread" + number + ":output" + count);
            count ++;
        }
    }
    public static void main(String args[]) {
        ThreadDemo1 thread1 = new ThreadDemo1(1);
        ThreadDemo1 thread2 = new ThreadDemo1(2);
        thread1.start();
        thread2.start();
        while(true) {
            if(thread1.count ==6 || thread2.count ==6)
                System.exit(0);
        }
    }
}
```

程序运行结果如下：

```
thread1:output1
thread2:output1
thread2:output2
thread2:output3
thread1:output2
thread2:output4
thread2:output5
thread1:output3
```

使用 Thread 类的子类来创建线程的优点是可以在子类中增加新的成员变量、方法，使线程功能更加大。但是 Java 不支持多继承，Thread 类的子类不能再扩展其他类。下面介绍另一种创建线程的方法。

9.2.2 实现 Runnable 接口

可通过实现 Runnable 接口的方式创建线程，接口中只声明了一个未实现的方法 run( )。实现 Runnable 接口的类必须使用 Thread 类的实例才能创建线程。线程体的构造方法如下：

```
public Thread([ThreadGroup group][,Runnable target][,String name])
```

其中，group 指明该线程所属的线程组，target 是执行线程体的目标对象，它必须实现接口 Runnable，name 则为线程名。这 3 个参数均可没有。

使用 Runnable 接口创建线程的步骤如下：

1）将实现 Runnable 接口的类实例化。

2）建立一个 Thread 对象，并将第一步实例化后的对象作为参数传入 Thread 类的构造方法。

3）通过 Thread 类的方法 start( )使线程处于就绪状态。

【例 9-2】实现 Runnable 接口的方式创建线程。

```
class ThreadDemo2 implements Runnable{
    public void run(){
        System.out.println(Thread.currentThread().getName());
    }
    public static void main(String[] args){
        ThreadDemo2 t1 = new ThreadDemo2();
        ThreadDemo2 t2 = new ThreadDemo2();
        Thread thread1 = new Thread(t1,"MyThread1");   //实例化线程(传递参数)
        Thread thread2 = new Thread(t2);
        thread2.setName("MyThread2");   //设置线程名
        thread1.start();
        thread2.start();
    }
}
```

程序运行结果如下：

```
MyThread1
MyThread2
```

9.2.3 线程的休眠

线程的调度执行是按照其优先级的高低顺序进行，如果高级线程没完成，低级线程可能没机会获得处理器。有时高级线程需要低级线程做一些工作来配合它，此时高级线程需要让出处理器。优先级高的线程应该在方法 run( )中调用方法 sleep( )使自己放弃处理器资源，处于休眠状态。休眠时间长短由方法 sleep( )的参数决定，单位是 ms（毫秒）。如果线程在休眠期间被打断，Java 虚拟机会抛出 InterruptedException 异常，必须使用捕捉方法 sleep( )的异常。

【例 9-3】线程休眠的实现。分别使用继承 Thread 类和实现 Runnable 接口的方式创建两个线程，每个线程打印 5 次，每打印一次等待 100ms。

```java
public class C9_3 {
    public static void main(String[] args) {
        Thread t1 = new MyThread1();
        Thread t2 = new Thread(new MyRunnable());
        t1.start();
        t2.start();
    }
}
class MyThread1 extends Thread {
    public void run() {
        for (int i = 1; i <= 5; i++) {
            System.out.println("线程1第" + i + "次打印");
            try {
                Thread.sleep(100);
            }
            catch (InterruptedException e) {
                e.printStackTrace();
            }
        }
    }
}
class MyRunnable implements Runnable {
    public void run() {
        for (int i = 1; i <= 5; i++) {
            System.out.println("线程2第" + i + "次打印");
            try {
                Thread.sleep(100);
            }
            catch (InterruptedException e) {
                e.printStackTrace();
            }
        }
    }
}
```

程序运行结果如下：

线程1第1次打印
线程2第1次打印
线程1第2次打印
线程2第2次打印
线程2第3次打印
线程1第3次打印
线程1第4次打印
线程2第4次打印
线程2第5次打印
线程1第5次打印

9.3 线程的同步、等待和死锁

9.3.1 线程的同步

由于同一进程的多个线程共享同一片存储空间，在带来方便的同时，也带来了访问冲突这个严重的问题。Java 语言提供了专门机制以解决这种冲突，有效避免了同一个数据对象被多个线程同时访问。

由于用户可以通过 private 关键字来保证数据对象只能被方法访问，所以只需针对方法提出一套机制，这套机制就是 synchronized 关键字，它包括两种用法：synchronized 方法和 synchronized 块。

1. synchronized 方法

通过在方法声明中加入 synchronized 关键字来声明 synchronized 方法。例如：

```
public synchronized void accessVal(int newVal);
```

synchronized 方法控制对类成员变量的访问，每个类实例对应一把锁，每个 synchronized 方法都必须获得调用该方法的类实例的锁方能执行，否则所属线程阻塞，方法一旦执行，就独占该锁，直到从该方法返回时才将锁释放，此后被阻塞的线程方能获得该锁，重新进入可执行状态。

这种机制确保了同一时刻对于每一个类实例，其所有声明为 synchronized 的成员函数中至多只有一个处于可执行状态（因为至多只有一个能够获得该类实例对应的锁），从而有效避免了类成员变量的访问冲突（只要所有可能访问类成员变量的方法均被声明为 synchronized）。

在 Java 中，不只是类实例，每一个类也对应一把锁，这样也可将类的静态成员函数声明为 synchronized，以控制其对类的静态成员变量的访问。

synchronized 方法的缺点：若将一个大的方法声明为 synchronized 将会大大影响效率，典型地，若将线程类的方法 run() 声明为 synchronized，由于在线程的整个生命期内它一直在运行，因此将导致它对本类任何 synchronized 方法的调用都永远不会成功。当然可以通过将访问类成员变量的代码放到专门的方法中，将其声明为 synchronized，并在主方法中调用来解决这一问题，但是 Java 提供了更好的解决办法，那就是 synchronized 块。

2. synchronized 块

通过 synchronized 关键字来声明 synchronized 块，语法格式如下：

```
synchronized(syncObject)
{
    … //允许访问控制的代码
}
```

synchronized 块中的代码必须获得对象 syncObject（如前所述，可以是类实例或类）的锁方能执行，具体机制同前所述。由于可以针对任意代码块，且可任意指定上锁的对象，故灵活性较高。

线程的同步是为了防止多个线程访问一个数据对象时，对数据造成破坏。Java 中每个对象都有一个内置锁。当程序运行到非静态的 synchronized 同步方法上时，自动获得与正在执行代码类的当前实例（this 实例）有关的锁。获得一个对象的锁也称为获取锁、锁定对象、在对象上锁定或在对象上同步。当程序运行到 synchronized 同步方法或代码块时才该对象锁才起作用。

一个对象只有一个锁。所以，如果一个线程获得该锁，其他线程就不可以获得锁，直到第一个线程释放（或返回）锁。这也意味着任何其他线程都不能进入该对象上的 synchronized 方法或代码块，直到该锁被释放。释放锁是指持锁线程退出了 synchronized 同步方法或代码块。

关于锁和同步，应当注意以下几点：
1）只能同步方法，而不能同步变量和类。
2）每个对象只有一个锁；当提到同步时，应该清楚在哪个对象上同步。
3）不必同步类中所有的方法，类可以同时拥有同步和非同步方法。
4）如果两个线程要执行一个类中的 synchronized 方法，并且两个线程使用相同的实例来调用方法，那么一次只能有一个线程能够执行方法，另一个需要等待，直到锁被释放。
5）如果线程拥有同步和非同步方法，则非同步方法可以被多个线程自由访问而不受锁的限制。
6）线程睡眠时，它所持的任何锁都不会释放。
7）线程可以获得多个锁。比如，在一个对象的同步方法里面调用另外一个对象的同步方法，则获取了两个对象的同步锁。
8）同步会损害并发性，应该尽可能缩小同步范围。同步不但可以同步整个方法，还可以同步方法中一部分代码块。
9）在使用同步代码块时候，应该指定获取哪个对象的锁。例如：

```
public int fix(int y) {
    synchronized (this) {
        x = x - y;
    }
    return x;
}
```

当然，同步方法也可以改写为非同步方法，但功能完全一样的，例如：

```
public synchronized int getX() {
    return x ++;
}
```

与

```
public int getX() {
    synchronized (this) {
        return x;
    }
}
```

的效果是完全一样的。

9.3.2 线程的等待

在调用方法 wait() 的时候,线程自动释放其占有的对象锁,同时不会去申请对象锁。当线程被唤醒的时候,它才再次获得了去获得对象锁的权利。

所以,notify 与 notifyAll 没有太多的区别,只是 notify 仅唤醒一个线程并允许它去获得锁,notifyAll 是唤醒所有等待这个对象的线程并允许它们去获得对象锁,只要是在 synchronized 块中的代码。其实唤醒一个线程就是重新允许这个线程去获得对象锁并继续运行。

1) wait():等待对象的同步锁,需要获得该对象的同步锁才可以调用这个方法,否则编译可以通过,但运行时会收到一个异常 IllegalMonitorStateException。

调用任意对象的方法 wait() 导致该线程阻塞,该线程不可继续执行,并且该对象上的锁被释放。

2) notify():唤醒在等待该对象同步锁的线程(只唤醒一个,如果有多个在等待),在调用此方法的时候,并不能确切的唤醒某一个等待状态的线程,而是由 Java 虚拟机确定唤醒哪个线程,而且不是按优先级。

调用任意对象的方法 notify() 则导致因调用该对象的方法 wait() 而阻塞的线程中随机选择的一个解除阻塞(但要等到获得锁后才真正可执行)。

3) notifyAll():唤醒所有等待的线程,注意唤醒的是 notify 之前 wait 的线程,对于 notify 之后的 wait 线程是没有效果的。

9.3.3 死锁

当两个线程被阻塞,每个线程在等待另一个线程时就发生死锁。例如:

```java
public class DeadlockRisk {
    private static class Resource {
        public int value;
    }
    private Resource resourceA = new Resource();
    private Resource resourceB = new Resource();
    public int read() {
        synchronized (resourceA) {
            synchronized (resourceB) {
                return resourceB.value + resourceA.value;
            }
        }
    }
    public void write(int a, int b) {
        synchronized (resourceB) {
            synchronized (resourceA) {
                resourceA.value = a;
                resourceB.value = b;
            }
        }
    }
}
```

假设方法 read( )由一个线程启动，方法 write( )由另外一个线程启动，读线程将拥有 resourceA 锁，写线程将拥有 resourceB 锁，两者都坚持等待的话就出现死锁。

本章小结

本章主要介绍了 Java 多线程机制，包括线程的概念、线程生命周期、两种建立和实现线程的方式，以及线程的同步、等待和死锁等。

习 题 9

一、选择题

1. 下列说法中，正确的是（   ）。
   A. 单处理机的计算机上，两个线程实际上不能并发执行
   B. 单处理机的计算机上，两个线程实际上能够并发执行
   C. 一个线程可以包含多个进程
   D. 一个进程只能包含一个线程
2. 下列说法中，错误的是（   ）。
   A. 线程就是程序   B. 线程是一个程序的单个执行流
   C. 多线程是指一个程序的多个执行流   D. 多线程用于实现并发
3. 下列关于 Thread 类的线程控制方法的说法中，错误的是（   ）。
   A. 线程可以通过调用方法 sleep( )使比当前线程优先级低的线程运行
   B. 线程可以通过调用方法 yield( )使和当前线程优先级一样的线程运行
   C. 线程的方法 sleep( )调用结束后，该线程进入运行状态
   D. 若没有相同优先级的线程处于可运行状态，线程调用方法 yield( )时，当前线程将继续执行
4. 方法 resume( )负责恢复（   ）线程的执行。
   A. 通过调用方法 stop( )而停止的线程
   B. 通过调用方法 sleep( )而停止的线程
   C. 通过调用方法 wait( )而停止的线程
   D. 通过调用方法 suspend( )而停止的线程
5. 下面关键字中通常用来对对象加锁，从而使得对对象的访问是排他的是（   ）。
   A. serialize   B. transient   C. synchronized   D. static
6. 下列说法中，错误的是（   ）。
   A. 线程一旦创建，则立即自动执行
   B. 线程创建后需要调用方法 start( )，将线程置于可运行状态
   C. 调用线程的方法 start( )后，线程也不一定立即执行
   D. 线程处于可运行状态，意味着它可以被调度
7. 下列说法中，错误的是（   ）。
   A. Thread 类中没有定义方法 run( )   B. 可以通过继承 Thread 类来创建线程
   C. Runnable 接口中定义了方法 run( )   D. 可以通过实现 Runnable 接口创建线程

8. Thread 类定义在（　　）包中。
   A. java.io　　B. java.lang　　C. java.util　　D. java.awt
9. Thread 类的常量 NORM_PRIORITY 代表的优先级是（　　）。
   A. 最低优先级　　B. 最高优先级　　C. 普通优先级　　D. 不是优先级
10. 下列关于线程优先级的说法中，错误的是（　　）。
    A. MIN_PRIORITY 代表最低优先级　　B. MAX_PRIORITY 代表最高优先级
    C. NORM_PRIORITY 代表普通优先级　　D. 代表优先级的常数值越大优先级越低

二、填空题

1. 多线程是指程序中同时存在着_____个执行体，它们按几条不同的执行路线共同工作，独立完成各自的功能而互不干扰。

2. 每个 Java 程序都有一个默认的主线程，对于 Java 应用程序来说，主线程是方法_____执行的线程。

3. Java 语言使用_____类及其子类的对象来表示线程，新建的线程在它的一个完整的生命周期中通常要经历_____、_____、_____、_____和_____等 5 种状态。

4. 在 Java 中，创建线程的方法有两种：一种方法是通过创建_____类的子类来实现，另一种方法是通过实现_____接口的类来实现。

5. 用户可以通过调用 Thread 类的方法_____来修改系统自动设定的线程优先级，使之符合程序的特定需要。

6. _____方法将启动线程对象，使之从新建状态转入就绪状态并进入就绪队列排队。

7. Thread 类和 Runnable 接口中共有的方法是_____，只有 Thread 类中有而 Runnable 接口中没有的方法是_____，因此通过实现 Runnable 接口创建的线程类要想启动线程，必须在程序中创建_____类的对象。

8. 在 Java 中，实现同步操作的方法是在共享内存变量的方法前加_____修饰符。

9. 线程的优先级是一个在_____到_____之间的正整数，数值越大，优先级越_____，未设定优先级的线程其优先级取默认值_____。

10. Thread 类中代表最高优先级的常量是_____，表示最低优先级的常量是_____。

三、编程题

编写一个有两个线程的程序，第一个线程用来计算 2~100000 之间的素数的个数，第二个线程用来计算 100000~200000 之间的素数的个数，最后输出结果。

第 10 章　图形用户界面设计

学习目标

1. 了解 AWT 组件与 Swing 组件的关系（10.1.1）。
2. 掌握 Swing 基本组件的特点和使用方法（10.2）。
3. 能应用布局管理器优化界面设计（10.3）。
4. 掌握绘图方法，能为组件或所画对象设置字体和颜色（10.4）。

10.1　GUI 组件简介

图形用户界面（Graphics User Interface，GUI）就是为应用程序提供一个图形化的界面，方便用户和应用程序实现友好交互的一个桥梁。图形用户界面借助菜单、工具栏和按钮等标准界面元素和鼠标操作，帮助用户方便地向计算机系统发出命令、执行操作，并将系统运行的结果以图形的方式显示给用户。

借助 Java 的 GUI 技术，程序员可以设计良好的用户界面，为用户和程序提供交互式接口。Java 的 java.awt 包和 javax.swing 包中包含了许多有关图形界面的类，其中包含了基本组件（如标签、按钮、文本框、列表等）和容器（如窗口、面板等）。程序员在设计用户界面时可以添加各种组件，安排各种组件在容器中的位置，同时提供响应并处理外部事件的机制，为构建界面良好的应用程序提供了技术基础。

10.1.1　java.awt 包和 javax.swing 包

先前用 Java 编写 GUI 程序，是使用 AWT（Abstract Windowing Toolkit，抽象窗口工具包），现在多用 Swing。Swing 可以看作是 AWT 的改良版，而不是代替品，即它是对 AWT 的提高和扩展。所以，在编写 GUI 程序时，Swing 和 AWT 都有使用，例如，使用 Swing 编程时，通常需要使用 AWT 中的事件处理类、布局管理器类等。它们共存于 Java 基础类（Java Foundation Class，JFC）中。

尽管 AWT 和 Swing 都提供了构造图形界面元素的类，但它们的重要方面有所不同：AWT 依赖于主平台绘制用户界面组件；而 Swing 有自己的机制，在主平台提供的窗口中绘制和管理界面组件。Swing 与 AWT 之间最明显的区别是界面组件的外观，AWT 在不同平台上运行相同的程序，界面的外观和风格会有一些差异；而一个基于 Swing 的应用程序可能在任何平台上都会有相同的外观和风格。

Swing 中的类是从 AWT 继承的，参见图 10-1。有些 Swing 类直接扩展 AWT 中的对应的类，如 JApplet、JDialog、JFrame 和 JWindow。所有 Swing 组件的类名都以字母 J 开头，以区别 AWT 组件。

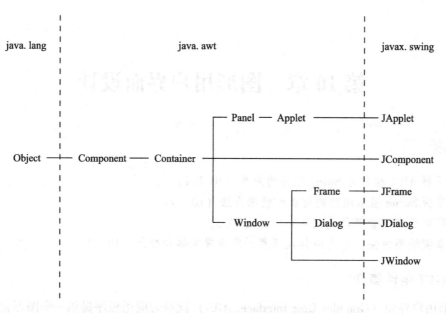

图 10-1 AWT 和 Swing 的类层次结构

使用 Swing 设计图形界面，主要引入以下两个包：

1）javax.swing 包含 Swing 的基本类。

2）java.awt.event 包含与处理事件相关的接口和类。

编写图形用户界面时，现在一般都使用 Swing 组件，本书也只讲述 Swing 组件。事实上，AWT 组件基本上已成为历史，读者如果出于某种原因（如维护原有代码），需要使用旧式的 AWT 组件，请参阅相关文献。

由于 Swing 内容太丰富，本书限于篇幅无法给出 Swing 的全面介绍，但所介绍的有关 Swing 的知识，已足以让读者编写相当精美的 GUI 程序。

10.1.2 GUI 设计及实现的一般步骤

程序员编写 GUI 应用程序的一般步骤如下：

1）创建画框，设置画框的菜单条，创建各种菜单项；创建各种组件，将组件添加、放置到画框的内容窗格中。

2）放置组件时应使用合适的布局管理器或使用容器嵌套放置以美化应用程序的外观。

3）创建的组件可注册合适的事件监听器，定义类实现事件监听器定义的方法，完成对事件的处理，事件处理又可创建新的组件或画面与用户进行进一步的交互。

4）使画框可见，从而启动整个应用程序的 GUI。

10.2 Swing 基本组件

10.2.1 组件和容器

组件（Component）是图形界面的基本元素，用户可以直接操作，如按钮。

容器（Container）是图形界面的复合元素，容器可以包含组件，如面板。

Java 语言为每种组件都预定义类，程序通过它们或它们的子类创建各种组件对象。例如，Swing 中预定义的按钮类 JButton 是一种组件类，程序创建的 JButton 对象或 JButton 子类的对象就是按钮。Java 语言也为每种容器预定义类，程序通过它们或它们的子类创建各种容器对象。例如，Swing 中预定义的窗口类 JFrame 是一种容器类，程序创建的 JFrame 对象或 JFrame 子类的对象就是窗口。

为了统一管理组件和容器，为所有组件类定义超类 Component，把组件的共有操作都定义在 Component 类中。同样，为所有容器类定义超类 Container，把容器的共有操作都定义在 Container 类中。例如，Container 类中定义了方法 add()，大多数容器都可以用该方法向容器添加组件。Container 类是 Component 类的子类。

Component、Container 和 Graphic 类是 AWT 库中的关键字，其中 Graphic 类将在后面章节中介绍。为了能有层次地构造复杂的图形界面，容器被当作特殊的组件，可以把容器放入另一个容器。例如，把若干按钮和文本框分别放在两个面板中，再把这两个面板和另一些按钮放入窗口中。这种有层次地构造界面的方法，能以增量的方法构造复杂的用户界面。

JComponent 类又是 Container 类的子类，在 Swing 包中定义，是除顶层容器外的其他 Swing 组件的父类。因此，所有 Swing 组件又都可以视为容器。

图 10-2 所示为 Swing 提供的 GUI 组件类和容器类，以及它们之间的继承关系。

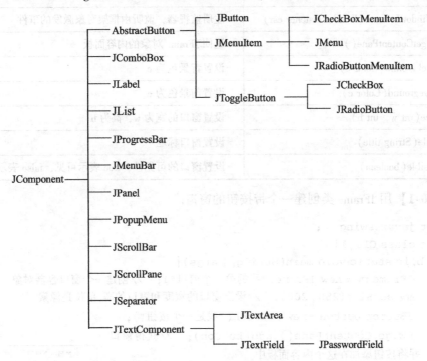

图 10-2　Swing 类的层次结构

组件和容器从功能上可以粗分为如下几类。

顶层容器：JFrame、JApplet、JDialog、JWindow。

中间容器：JPanel、JScrollPane、JSplitPane、JToolBar 等。

基本控件：JButton、JComboBox、JMenu、JTextField。

可编辑组件：JColorChooser、JFileChooser、JTextArea。

10.2.2 框架

框架（JFrame）是一个顶层容器，主要用来设计应用程序的图形用户界面，这是通常意义上的窗口。要编写一个带有图形用户界面的应用程序，通常需要首先创建一个框架，然后将其他图形用户界面组件添加到其中。

要创建框架，就要使用类 javax.swing.JFrame，其常用构造方法见表 10-1。

表 10-1 JFrame 类的构造方法

方法名称	方法功能
JFrame( )	构造一个新的框架实例（初始时不可见）
JFrame(String title)	构造一个新的、初始不可见的、具有指定标题的框架对象

JFrame 类的部分常用方法见表 10-2。

表 10-2 JFrame 类的部分常用方法

方法名称	方法功能
add( )	从父类继承的方法，向窗口添加窗口元素
void addWindowListener(WindowListener ear)	注册监视器，监听由框架对象激发的事件
Container getContentPane( )	返回 JFrame 对象的内容面板
void setBackground(Color c)	设置背景色为 c
void setForeground(Color c)	设置前景色为 c
void setSize(int w, int h)	设置窗口的宽为 w，高为 h
void setTitle(String title)	设置窗口标题
void setVisible(boolean)	设置窗口的可见性，true 表示可见，false 表示不可见

【例 10-1】用 JFrame 类创建一个带按钮的窗口。

```
import javax.swing.*;
public class C10_1{
    public static void main(String[] args){
        JFrame mw = new JFrame("我的第一个窗口");  //创建一个窗口容器对象
        mw.setSize(250,200);   //设定窗口的宽度和窗口的高,单位是像素
        JButton button = new JButton("我是一个按钮");
        mw.getContentPane().add(button);   //获得窗口
的内容面板,并将按钮添加在这个内容面板中
        mw.setVisible(true);
    }
}
```

程序运行结果如图 10-3 所示。

图 10-3 例 10-1 效果

> **注意**：用 Swing 编写 GUI 程序时，通常不直接用 JFrame 创建窗口对象，而用 JFrame 派生的子类创建窗口对象，在子类中可以加入窗口的特定要求和特别的内容等。

在本例中：

1) 程序的第一行代码指明程序使用 Swing 库。

2) 在方法 main( ) 中，对象 mw 是一个 JFrame 对象，它是一个很简单的窗口，有标题和窗口关闭按钮等。下一行代码是设定窗口的大小，接着是创建一个按钮对象。下一行的代码略为复杂，其作用是将按钮对象添加到窗口 mw 上。方法 getContentPane( ) 是 JFrame 类的方法，获取窗口的内容面板 ContentPane。每个 JFrame 对象都有一个放置窗口组件的内容面板，通常不是将窗口的组件直接加到 JFrame 中，而是添加到它的内容面板中，所以代码 mw.getContentPane( ).add(button) 是获得窗口 mw 的内容面板，并将按钮添加在这个内容面板上。最后一行代码使窗口 mw 在屏幕上可见，没有这一行代码，或用代码 mw.setVisible(false) 将使窗口不可见。

【例10-2】 定义 JFrame 派生的子类 MyWindowDemo，创建 JFrame 窗口。

类 MyWindowDemo 的构造方法有 5 个参数：窗口标题名、加入窗口的组件、窗口的背景颜色以及窗口的高度和宽度。在主方法中，利用类 MyWindowDemo 创建两个类似的窗口。

```
import javax.swing.*;import java.awt.*;
public class C10_2{
    public static MyWindowDemo mw1;
    public static MyWindowDemo mw2;
    public static void main(String[] args) {
        JButton butt1 = new JButton("我是一个按钮");
        String name1 = "我是第一个窗口";
        String name2 = "我是第二个窗口";
        mw1 = new MyWindowDemo(name1,butt1,Color.BLUE,350,450);
        mw1.setVisible(true);
        JButton butt2 = new JButton("我是另一个按钮");
        mw2 = new MyWindowDemo(name2,butt2,Color.magenta,300,400);
        mw2.setVisible(true);
    }
}
class MyWindowDemo extends JFrame{
    public MyWindowDemo(String name,JButton button,Color c,int w,int h){
        super();setTitle(name);setSize(w,h);
        Container contentPane = getContentPane();   //获得窗口内容面板
        contentPane.add(button);   //将按钮添加在内容面板中
        contentPane.setBackground(c);   //设置背景颜色
    }
}
```

程序运行结果如图 10-4 所示。

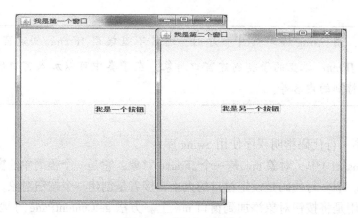

图 10-4 例 10-2 效果

在本例中，显示颜色由 java. awt 包的 Color 类管理，在 Color 类中预定义了一些常用的颜色。

10.2.3 标签

标签（JLabel）是最简单的 Swing 组件。标签对象的作用是对位于其后的界面组件作声明。可以设置标签的属性，即其前景颜色、背景颜色、字体等，但不能动态地编辑标签中的文本。

关于标签的基本操作有以下几个方面：
1）声明一个标签名。
2）创建一个标签对象。
3）将标签对象加入到某个容器。

要创建标签，就要使用类 javax. swing. JLabel，其常用构造方法见表 10-3。

表 10-3 JLabel 类的构造方法

方法名称	方法功能
JLabel( )	构造一个显示文字的标签
Jlabel(String s)	构造一个显示文字为 s 的标签
JLabel(String s, int align)	构造一个显示文字为 s 的标签。align 为显示文字的水平对齐方式，有 JLabel. LEFT、JLabel. CENTER 和 JLabel. RIGHT 3 种，分别表示显示文字左对齐、中心对齐和右对齐

JLabel 类的部分常用方法见表 10-4。

表 10-4 JLabel 类的部分常用方法

方法名称	方法功能
srtText(String s)	设置标签显示文字
getText( )	获取标签显示文字
setBackground(Color c)	设置标签的背景颜色，默认是容器的背景颜色
setForeground(color c)	设置标签的前景颜色，默认是黑色

10.2.4 按钮

按钮(JButton)是用于触发特定动作的组件,用户可以根据需要创建纯文本的或带图标的按钮。使用 JButton 类的对应构造方法创建按钮后,利用 JPanel 的方法 add( ) 添加到面板上,然后启动事件侦听,根据用户的操作执行相应的功能。

要创建按钮,就要使用类 javax.swing.JButton,其常用构造方法见表 10-5。

表 10-5 JButton 类的构造方法

方法名称	方法功能
JButton( )	构造一个字符串为空的按钮
JButton(Icon icon)	构造一个带图标的按钮
JButton(String text)	构造一个指定字符串的按钮

JButton 类的部分常用方法见表 10-6。

表 10-6 JButton 类的部分常用方法

方法名称	方法功能
addActionListener(ActionListener l)	添加指定的操作监听器,以接收来自此按钮的操作事件
setLabel(String label)	将按钮的标签设置为指定的字符串
getLabel( )	获得此按钮的标签

10.2.5 面板

面板(JPanel)是最简单的容器类,应用程序可以将其他组件放在面板提供的空间内,这些组件也可以包括其他面板。与框架不同,面板是一种透明的容器,既没有标题,也没有边框,就像一块透明的玻璃。面板不能作为最外层的容器单独存在,它首先必须作为一个组件放置到其他容器(一般为框架)中,然后把组件添加到它里面。

关于面板的基本操作有以下几个方面:

1) 通过继承声明 JPanel 类的子类,子类中有一些组件,并在构造方法中将组件加入面板。

2) 声明 JPanel 子类对象。

3) 创建 JPanel 子类对象。

4) 将 JPanel 子类对象加入到某个容器。

要创建面板,就要使用类 javax.swing.JPanel,其常用构造方法见表 10-7。

表 10-7 JPanel 类的构造方法

方法名称	方法功能
Panel( )	使用默认的布局管理器创建新面板
Panel(LayoutManager layout)	创建具有指定布局管理器的新面板,面板的默认是 FlowLayout 布局管理器

JLabel 类的部分常用方法见表 10-8。

表 10-8　JPanel 类的部分常用方法

方法名称	方法功能
setLayout(LayoutManager mgr)	设置面板上组件的布局方式
add(Component comp)	将组件添加到面板上
setBorder()	设置面板的边框样式

【例 10-3】定义 JPanel 派生的子类 MyPanel，添加两个 MyPanel 对象和一个按钮，每个 MyPanel 对象又有两个按钮和一个标签。

```java
import java.awt.*;
import javax.swing.*;
class MyPanel extends JPanel{
    JButton button1,button2;
    JLabel label;
    MyPanel(String s1,String s2,String s3){
        button1 = new JButton(s1);
        button2 = new JButton(s2);
        label = new JLabel(s3);
        add(button1);add(button2);add(label);    //将按钮、标签添加在面板中
    }
}
public class C10_3 extends JFrame{
    public C10_3(){
        MyPanel panel1 = new MyPanel("确定","取消","标签,我们在面板1中");
        MyPanel panel2 = new MyPanel("确定","取消","标签,我们在面板2中");
        JButton button = new JButton("我是不在面板中的按钮");
        setLayout(new BorderLayout());    //指定布局管理器
        add(panel1,BorderLayout.NORTH);
        add(panel2,BorderLayout.CENTER);
        add(button,BorderLayout.SOUTH);
    }
    public static void main(String[] args){
        C10_3 mw = new C10_3();
        mw.setSize(300,200);
        mw.setVisible(true);
    }
}
```

程序运行结果如图 10-5 所示。

在本例中，组件在容器中的布局控制是通过布局管理器来实现的，布局管理器将在 10.3 节中介绍。

图 10-5　例 10-3 效果

10.2.6 菜单

菜单是图形用户界面中最常用的组件之一。菜单允许用户选择多个项目中的一个，但与其他选择手段不同的是，使用菜单可以大大节省显示空间，使 UI 界面更简洁美观。

菜单一般放在顶层容器的顶部。菜单的独特之处在于它不和其他类型的组件显示在一起，而是放置在菜单栏或是以弹出式（Popup）菜单的形式布置。菜单栏内可以包含一个或多个菜单。在绝大多数操作平台中，菜单栏的默认位置在窗口的顶端。而弹出式菜单平时是不可见的，当用户执行特定的鼠标操作，如单击鼠标右键，则弹出式菜单被激活显示在鼠标指针的下方。

在 Swing 中与菜单有联系的组件有菜单栏（JMenuBar）、菜单（JMenu）、菜单项（JMenuItem）、单选菜单项（JRadioButton MenuItem）、复选菜单项（JCheckBoxMenuItem）以及分隔线（JSeparator），每个菜单项都可以显示图片及文字，并且可定义文字的字体及颜色。所有这些与菜单相关的组件的继承关系如图 10-6 所示。

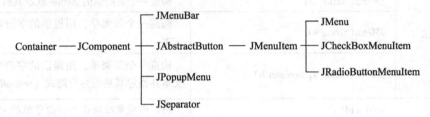

图 10-6　实现菜单的相关组件继承关系图

关于菜单的基本操作有以下几个方面：
1）创建菜单栏，并将它设置到某个窗体中。
2）创建菜单条，并将它们添加到菜单栏中。
3）创建菜单项，并将它们添加到菜单条中。

要创建菜单栏，就要使用类 javax.swing.JMenuBar。通过将菜单（JMenu）对象添加到菜单栏（JMenuBar）可以构造应用程序菜单。当用户选择菜单对象时，就会打开其关联的下拉菜单，允许用户选择下拉菜单中的某一菜单项以完成指定操作。JMenuBar 类的构造方法和常用方法见表 10-9。

表 10-9　JMenuBar 类的构造方法和常用方法

方法类型	方法名称	方法功能
构造方法	JMenuBar()	构造一个新的菜单栏，其内部没有任何栏目
常用方法	JMenu getMenu(int index)	返回菜单栏中指定位置的菜单
	Int getMenuCount()	返回菜单栏上的菜单数
	void paintBorder(graphics g)	如果 BorderPainted 属性为 true，则绘制菜单栏的边框
	void setBorderPainted(boolean b)	设置是否应该绘制边框

（续）

方法类型	方法名称	方法功能
常用方法	void setHelpMenu(JMenu menu)	设置用户选择菜单栏中的"帮助"选项时显示的帮助菜单
	Void setMargin(Insets m)	设置菜单栏的边框与其菜单之间的空白

要创建菜单，就要使用类 javax.swing.JMenu。用户选择菜单栏上的选项时会显示该菜单项（JMenuItem）。除 JMenuItem 之外，JMenu 还可以包含分隔线（JSeparator）。JMenu 类的构造方法和常用方法见表 10-10。

表 10-10　JMenu 类的构造方法和常用方法

方法类型	方法名称	方法功能
构造方法	JMenu()	构造一个没有文本的新菜单
	JMenu(Action a)	构造一个从提供的 Action 获取其属性的菜单
	JMenu(String s)	构造一个新菜单，用提供的字符串作为其文本
	JMenu(String s, boolean b)	构造一个新菜单，用提供的字符串作为其文本并指定其是否为分离式（tear-off）菜单
常用方法	void add()	将组件或菜单项追加到此菜单的末尾
	void addMenuListener(MenuListener l)	添加菜单事件的监听器
	void addSeparator()	将新分隔线追加到此菜单的末尾
	void doClick(int pressTime)	以编程方式执行"单击"
	JMenuItem getItem(int pos)	返回指定位置的菜单项
	int getItemCount()	返回菜单上的项数，包括分隔线
	JMenuItem insert(Action a, int pos)	在给定位置插入连接到指定 Action 对象的新菜单项
	JMenuItem insert(JMenuItem mi, int pos)	在给定的位置插入指定的菜单项
	void inser(String s, int pos)	在给定的位置插入一个具有指定文本的新菜单项
	void insertSeparator(int index)	在指定的位置插入分隔线
	boolean isSelected()	如果菜单是当前选择的（即突出显示的）菜单，则返回 true
构造方法	void remove()	从此菜单移除组件或菜单项
	void removeAll()	从此菜单移除所有菜单项
	void setDelay(int d)	设置菜单的 PopupMenu 向上或向下弹出前建议的延迟
	void setMenuLocation(int x, int y)	设置弹出组件的位置

要创建菜单项，就要使用类 javax.swing.JMenuItem。菜单项本质上是位于列表中的按钮，当用户选择"按钮"时，将执行与菜单项关联的操作。JMenuItem 类的构造方法和常用方法见表 10-11。

表 10-11　JMenuItem 类的构造方法和常用方法

方法类型	方法名称	方法功能
构造方法	JMenuItem( )	创建不带有设置文本或图标的菜单项
	JMenuItem(Action a)	创建一个从指定的 Action 获取其属性的菜单项
	JMenuItem(Icon icon)	创建带有指定图标的菜单项
	JMenuItem(String text)	创建带有指定文本的菜单项
	JMenuItem(String text, Icon icon)	串讲带有指定文本和图标的菜单项
	JMenuItem(String text, int mnemonic)	创建带有指定文本和键盘助记符的菜单项
常用方法	boolean isArmed( )	返回菜单项是否被"调出"
	void setArmed(boolean b)	将菜单项标识为"调出"
	void setEnabled(boolean b)	启用或禁用菜单项

【例 10-4】创建一个美观的菜单。

```
import javax.swing.*;
import java.awt.*;
import java.awt.event.WindowAdapter;
import java.awt.event.WindowEvent;
public class C10_4{
    public static void main(String[] args){
    JFrame frame = new JFrame("Demo of Menu");
    JMenuBar bar = new JMenuBar();   //为 frame 对象添加菜单栏
    frame.setJMenuBar(bar);
    Dimension dim = new Dimension(300,150);
    JTextArea output = new JTextArea();
    output.setPreferredSize(dim);
    frame.getContentPane().add(output);
    JMenu start = new JMenu("Start");
    start.setMnemonic('S');   //为菜单条"Start"添加快捷键"S"(Alt+S)
    bar.add(start);   //为菜单栏添加菜单条
    JMenuItem first = start.add("First Item");   //为菜单条添加菜单项
    first.setMnemonic('F');
    JMenuItem second = start.add("Second Item");
    second.setMnemonic('E');
    second.setEnabled(false);
    JMenu another = new JMenu("Another");
    another.setMnemonic('A');
    bar.add(another);
```

```
start.addSeparator();      //添加分隔线
JRadioButtonMenuItem radioButton1 = new JRadioButtonMenuItem("A",true);
JRadioButtonMenuItem radioButton2 = new JRadioButtonMenuItem("B");
start.add(radioButton1);
start.add(radioButton2);
ButtonGroup group = new ButtonGroup();
group.add(radioButton1);   //将两个单选按钮添加到按钮组中
group.add(radioButton2);
start.addSeparator();
JMenu ubmenu = new JMenu("Choices");
start.add(ubmenu);         //为菜单添加一个向右弹出的子菜单
ubmenu.setMnemonic('U');
JCheckBoxMenuItem checkBox1 = new JCheckBoxMenuItem("choice1",true);
JCheckBoxMenuItem checkBox2 = new JCheckBoxMenuItem("choice2");
ubmenu.add(checkBox1);
ubmenu.add(checkBox2);
frame.addWindowListener(new WindowAdapter(){   //设置窗口监听器
    public void windowClosing(WindowEvent e){
        System.exit(0);
    }
});
frame.pack();
frame.setVisible(true);
   }
}
```

程序运行结果如图 10-7 所示。

在本例中，代码最后部分设置的窗口监听器，用于　　　图 10-7　例 10-4 效果
窗口事件的关闭。组件触发某一特定事件后，相关事件监听器将接收并对事件做出相应的处理，事件监听器将在第 11 章中介绍。

10.2.7　复选框及按钮组

复选框（JCheckBox）允许用户在多种选择中选择一个或多个选项，是一个可处于"开"（true）或"关"（false）状态的图形组件。单击复选框可将其状态从"开"更改为"关"，或从"关"更改为"开"。JCheckBox 类的构造方法和常用方法见表 10-12。

表 10-12　JCheckBox 类的构造方法和常用方法

方法类型	方法名称	方法功能
构造方法	JCheckBox( )	使用空字符串标签创建一个复选框（没有图像、未选择）
	JCheckBox(Icon icon)	使用图标创建一个复选框（未选择）
	JCheckBox(Icon icon, boolean selected)	使用图标创建一个指定状态的复选框
	JCheckBox(String text)	使用字符串创建一个复选框（未选择）

(续)

方法类型	方法名称	方法功能
构造方法	JCheckBox(String text, boolean selected)	使用字符创建建一个指定状态的复选框
	JCheckBox(String text, Icon icon)	同时使用字符串和图标创建一个复选框（未选择）
	JCheckBox(String text, Icon icon, boolean selected)	同时使用字符串和图标创建一个指定状态的复选框
常用方法	String getLabel()	获得此复选框的标签
	Boolean getState()	确定此复选框是处于"开"状态，还是处于"关"状态
	void setLabel(String label)	将此复选框的标签设置为字符串参数
	void setState(boolean state)	将此复选框的状态设置为指定状态

当在一个容器中放入多个复选框，且没有用按钮组（ButtonGroup）对象将它们分组，则可以同时选中多个复选框。如果使用 ButtonGroup 对象将复选框分组，同一时刻组内的多个复选框只允许有一个被选中，也称同一组内的复选框为单选框。单选框分组的方法是先创建 ButtonGroup 对象，然后将希望为同组的复选框添加到同一个 ButtonGroup 对象中。

10.2.8 单选按钮

单选按钮（JRadioButton）的功能与单选框相似。使用单选按钮的方法是将一些单选按钮用 ButtonGroup 对象分组，使同一组内的单选按钮只允许一个被选中。单选按钮与单选框的差异是显示的样式不同，单选按钮是一个圆形的按钮，而单选框是一个小方框。JRadioButton 类的构造方法见表 10-13。

表 10-13　JRadioButton 类的构造方法

方法类型	方法名称	方法功能
构造方法	JRadioButton()	用空标题构造单选按钮
	JRadioButton(String s)	用标题 s 构造单选按钮
	JRadioButton(String s, boolean b)	用标题 s 构造单选按钮，参数 b 设置选中是否的初始状态

单选按钮使用时需要使用 ButtonGroup 将其分组，方法是先创建 ButtonGroup 对象，然后将同组的单选按钮添加到同一个 ButtonGroup 对象中。

10.2.9 组合框

组合框也称下拉式列表，它是一些项目的简单列表。与单选按钮类似，用户可以从中选择一个。

默认情况下，组合框是不可编辑的，用户只能选择一个项目。如果将组合框声明为可编辑，用户也可以在文本框中直接输入自己的数据。创建组合框需要使用类 javax.swing.JComboBox，其构造方法和常用方法见表 10-14。

表 10-14　JComboBox 类的构造方法和常用方法

方法类型	方法名称	方法功能
构造方法	JComboBox( )	构造一个默认模式的组合框
	JComboBox(Object[ ] items)	通过指定数组构造一个组合框
	JComboBox(Vector items)	通过指定向量构造一个组合框
	JComboBox(ComboBoxModel aModel)	通过一个 ComboBox 模式构造一个组合框
常用方法	int getItemCount( )	返回组合框中项目的个数
	int getSelectedIndex( )	返回组合框中所选项目的索引
	Object getSelectedItem( )	返回组合框中所选项目的值
	boolean isEditable( )	检查组合框是否可编辑
	void removeAllItems( )	删除组合框中所有项目
	void removeItem(Object anObject)	删除组合框中指定项目
	void setEditable(boolean aFlag)	设置组合框是否可编辑
	void setMaximumRowCount(int count)	设置组合框显示的最多行数

10.2.10　列表

列表显示一系列选项，用户可以从中选择一项或多项。列表支持滚动条，可以浏览多项。它与组合框的外观不同：组合框只有在单击时才会显示下拉则表，而列表会在屏幕上持续占用固定行数的空间。创建列表需要使用类 javax.swing.JList，其构造方法和常用方法见表 10-15。

表 10-15　JList 类的构造方法和常用方法

方法类型	方法名称	方法功能
构造方法	JList( )	构造一个使用空模型的列表
	JList(ListModel dataModel)	构造一个列表，使其使用指定的非 null 模型显示元素
	JList(Object[ ] listData)	构造一个列表，使其显示指定数组中的元素
	JList(Vector<?> listData)	构造一个列表，使其显示指定的 Vector 中的元素
常用方法	void clearSelection( )	清除选择内容，isSelectionEmpty 将返回 true
	void setSelectionMode(int selectionMode)	确定允许单项选择还是多项选择
	void setSelectedIndex(int index)	选择单个单元
	void setListData(Object[ ] listData)	根据一个 Object 数组构造 ListModel，然后对其应用 setModel

【例 10-5】创建字体设置界面，效果如图 10-8 所示。掌握 JRadioButton、JCheckBox、JList、JcomboBox 以及 ButtonGroup 的特点和使用方法，能根据实际应用合理选择组件。具体代码参见配套资源 chap10_5.java。

在本例中：代码"pnlMain.add(new JScrollPane(lstSize));"中使用了类 JScrollPane，是由于列表不具有自动滚动功能。

10.2.11 文本框

文本框显示指定文本并允许用户编辑文本，用户可以通过文本框来实现输入、错误检查之类的功能。用户可以设置文本框的前景色和背景色，但不能改变基本显示特性。文本框只能存放一行文本。例如，使用一个单行的输入文本框，接收用户键盘输入的信息，用户输入完成后，按下 <Enter> 键，程序就能使用输入的数据。

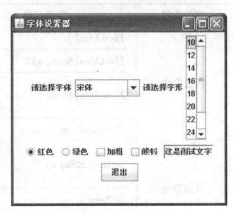

图 10-8 例 10-5 效果

创建文本框需要使用类 javax.swing.JTextField，其构造方法和常用方法见表 10-16。

表 10-16 JTextField 类的构造方法和常用方法

方法类型	方法名称	方法功能
构造方法	JTextField( )	通过默认方式构造新文本框对象
	JTextField(String text)	通过指定初始化文本构造新的文本框对象
	JTextField(int columns)	通过指定列数构造新的空文本框对象
	JTextField(String text, int columns)	通过指定初始化文本和指定列数构造新的文本框对象
	JTextField(Document doc, String text, int columns)	通过指定文本存储模式、初始化文本和列数构造新的文本框对象
常用方法	setHorizontalAlignment(int alignment)	设置文本框中文本的水平对齐方式
	getText( )	获得文本框中的文本字符
	selectAll( )	选定文本框中的所有文本
	select(int selectionStart, int selectionEnd)	选定指定开始位置到结束位置间的文本
	setEditable(boolean b)	设置文本框是否可编辑
	setText(String t)	设置文本框中的文本

10.2.12 文本区域

文本区域是窗体中一个放置文本的区域。文本区域与文本框的主要区别是文本区域可存放多行文本。文本区域组件没有 ActionEvent 事件。

文本区域的基本操作有以下几个方面：
1) 声明一个文本区域名。
2) 建立一个文本区域对象。

3) 将文本区域对象加入到某个容器。

创建文本区域需要使用类 javax.swing.JTextArea，其构造方法和常用方法见表 10-17。

表 10-17　JTextArea 类的构造方法和常用方法

方法类型	方法名称	方法功能
构造方法	JTextArea( )	以默认的列数和行数，创建一个文本区域对象
	JTextArea(String s)	以 s 为初始值创建一个文本区域对象
	JTextArea(String s, int x, int y)	以 s 为初始值、行数为 x、列数为 y 创建一个文本区域对象
	JTextArea(int x, int y)	以行数为 x、列数为 y 创建一个文本区域对象
常用方法	setText(String s)	在文本区中设置文本，同时清除文本区域中的原有文本
	getText( )	获取文本区域中的文本
	insert(String s, int x)	在指定位置插入指定文本
	replace(String s, int x, int y)	用给定新文本替换从 x 位置开始到 y 位置结束的文本
构造方法	append(String s)	在文本区域中附加文本，即连接在文本区域中原文本的后面
	getCarePosition( )	获取文本区域中活动光标的位置
	setCarePosition(int n)	设置活动光标的位置
	setLineWrap(boolean b)	设置自动换行，默认情况下不自动换行

当文本区域中的内容较多、不能在文本区域中全部展视时，可给文本区域配上滚动条。给文本区域设置滚动条可用以下方法方便地实现：

```
JTextArea ta = new JTextArea();
JScrollPane jsp = new JScrollPane(ta);    //给文本区域添加滚动条
```

【例 10-6】使用文本框及文本区域组件搭建 GUI 图形界面，效果如图 10-9 所示。进一步掌握 JLabel、JButton 的用法，掌握 JTextField、JTextArea 和 JPasswordField 的用法，会应用简单 GUI 组件构造用户界面。具体代码参见配套资源 Ch10_6.java。

在本例中：

1) 当用户分别在"用户名"和"口令"文本框中输入内容并按 <Enter> 键后，将在标签为"显示用户名或口令"的文本框中显示用户输入的内容。

2) 在图的下半部分定义了一个水平方向的 Box 对象，加入 Box 的组件按水平方向排

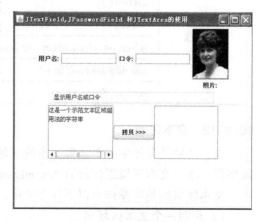

图 10-9　例 10-6 效果

列。在 Box 对象中加入了 3 个 GUI 组件：两个 JTextArea 和一个 JButton。用户可通过鼠标选择左边的 textArea1 的内容，然后鼠标单击标签为"拷贝"的按钮，会将选中的 textArea1 的内容复制到右边 JScrollPane 中。两个 JTextArea 对象分别放入两个 JScrollPane 对象中。

3）涉及的知识：密码框（JPasswordField）请参阅其他组件章节，容器 Box 类请参阅相关资料，事件监听器（ActionListener）将在第 11 章中介绍。

10.2.13 滚动条

滚动条（JScrollBar）也称为滑块，用来表示一个相对值，该值代表指定范围内的一个整数。例如，用 Word 编辑文档时，编辑窗右边的滑块对应当前编辑位置在整个文档中的相对位置，可以通过移动滑块选择新的编辑位置。在 Swing 中，用类 javax.swing.JScrollBar 实现和管理滚动条，其常用的构造方法和常用方法见表 10-18。

表 10-18 JScrollBar 类的构造方法和常用方法

方法类型	方法名称	方法功能
构造方法	JScrollBar（int dir, int init, int width, int low, int high）	dir 表示滚动条的方向。JScrollBar 类定义了两个常量：JScrollBar.VERTICAL 表示垂直滚动条；JScrollBar.HORIZONTAL 表示水平滚动条。init 是滚动条的初始值，该值确定滚动条滑块开始时的位置。width 是滚动条滑块的宽度。最后两个参数指定滚动条范围的下界和上界。注意滑块的宽度可能影响滚动条可得到的实际的最大值。例如，滚动条的范围是 0～255，滑块的宽度是 10，并利用滑块的左端或顶端来确定它实际的位置。那么，滚动条可以达到的最大值是指定最大值减去滑块的宽度，所以滚动条的值不会超过 245
常用方法	setUnitIncrement（）	设置单位像素的增量
	getUnitIncrement（）	获取增量
	setBlockIncrement（）	设置滑块滑动的幅度
	getBlockIncrement（）	获取滑块增量
	setMaximum（）	设置滚动条的最大值
	getMaximum（）	获取最大值
	setMininum（）	设置滚动条的最小值
	getMininum（）	获取最小值
	getValue（）	获取当前值
	setValue（）	设置新值，即让滑块移至对应新值位置

10.2.14 工具栏

工具栏是窗口中提供的一种快捷操作功能区,可以通过单击工具栏上的按钮,得到相应的快捷功能。Swing 中通过类 javax.swing.JToolBar 提供这种功能,其构造方法和常用方法见表 10-19。

表 10-19 JToolBar 类的构造方法和常用方法

方法类型	方法名称	方法功能
构造方法	JTooBar( )	创建一个默认为水平方向的工具栏
	JTooBar(int orientation)	创建一个指定方向的工具栏
	JTooBar(String name)	创建一个指定名称的工具栏
	JTooBar(String name,int orientation)	创建一个指定名称和指定方向的工具栏
常用方法	JButton add(Action a)	添加一个指派操作的新按钮
	void addSeparator( )	将分隔线追加到工具栏的末尾
	void setMargin(Insets m)	设置工具栏边框和它的按钮之间的空白
	void setOrientation(int o)	设置工具栏的方向
	void setRollover(boolean rollover)	设置此工具栏的 rollover 状态

【例 10-7】完善程序主窗口,效果如图 10-10 ~ 图 10-12 所示。进一步掌握 JMenuBar、JMenu、JMenuItem 以及 JToolBar 的常用方法,会利用菜单和工具栏构造应用程序主界面。具体代码参见配套资源 Ch10_7.java。

图 10-10 初始窗口　　　图 10-11 单击"服务器"时窗口　　　图 10-12 单击"帮助"时窗口

10.2.15 其他组件

1. 密码框

密码框(JPasswordField)表示可编辑的单行文本的密码文本组件。JPasswordField 是一个轻量级组件,允许编辑一个单行文本,可以输入内容,但不显示原始字符,而显示"*"或"#"等,从而隐藏用户的真实输入,实现一定程度的保密,一般用来进行密码等内容的输入。

创建密码框需要使用类 javax.swing.JPasswordField,其构造方法和常用方法见表 10-20。

表 10-20　JPasswordField 类的构造方法和常用方法

方法类型	方法名称	方法功能
常用方法	JPasswordField( )	通过默认方式构造新密码框对象
	JPawwordField(Document doc，String txt，int columns)	通过指定文本存储模式、初始化文本和列数构造新的密码框对象
	JPasswordField(int columns)	通过指定列数构造新的空密码框对象
	JPassowrdField(String text)	通过指定初始化文本构造新的密码框对象
	JPasswordField(String text，int columns)	通过指定初始化文本和列数构造新的密码框对象
	getEchoChar( )	返回要用于回显的字符
	getPassword( )	返回此文本组件中所包含的文本
	setEchoChar(char c)	设置此密码框的回显字符

2. 对话框

Java 桌面程序中简单的对话框可以使用 Swing 中的类 javax.swing.JOptionPane 来实现，其中包含了许多方法，这些方法都是 show×××Dialog 格式。使用不同的方法可以得到不同类型的对话框，见表 10-21。

表 10-21　对话框类型和信息类型

类型	名称	含义
对话框类型	showConfirmDialog	获得一个用户确认的对话框
	showInputDialog	可以接收用户输入的对话框
	showMessageDialog	向用户提供相关信息的对话框
	showOptionDialog	综合上面 3 种应用的对话框
消息类型	ERROR_MESSAGE	错误消息
	INFORMATION_MESSAGE	提示信息
	WARNING_MESSAGE	警告消息
	QUESTION_MESSAGE	问题消息
	PLAIN_MESSAGE	普通消息

同时，JOptionPane 中有许多的参数，其中 messageType 用来定义信息类型；optionType 用来定义在对话框上的操作按钮，可以使用的常量见表 10-22。当用户单击对话框上的按钮后，将返回一个整数，返回值常量见表 10-22。

表 10-22　操作按钮类型和返回值类型

类型	名称	含义
对话框类型	DEFAULT_OPTION	默认的操作按钮
	YES_NO_OPTION	有 Yes 和 No 按钮
	YES_NO_CANCEL_OPTION	有 Yes、No 和 Cancel 按钮

(续)

类型	名称	含义
对话框类型	OK_CANCEL_OPTION	有 OK 和 Cancel 按钮
返回的按钮	YES_OPTION	单击的是 Yes 按钮
	NO_OPTION	单击的是 No 按钮
	CANCEL_OPTION	单击的是 Cancel 按钮
	OK_OPTION	单击的是 OK 按钮
	CLOSED_OPTION	单击的是关闭按钮

3. 表格

表格（JTable）是用来显示和编辑规则的二维单元表，它有很多用来自定义其外观和编辑的方法，通过这些方法可以轻松地设置简单表，同时还提供了这些功能的默认设置。例如，要设置一个 10 行 10 列的表，可以使用如下代码：

```
TableModel dataModel = new AbstractTableModel()
{
    public int getColumnCount() {return 10;}
    public int getRowCount() {return 10;}
    public Object getValueAt(int row, int col)
    {return new Integer(row * col);}
};
JTable table = new JTable(dataModel);
JScrollPane scrollpane = new JScrollPane(table);
```

设计表格的应用程序时，要严格注意用来表示表数据的数据结构。通常借助于 DefaultTableModel 来实现，它使用一个 Vector 来存储所有单元格的值。该 Vector 由包含多个 Object 的 Vector 组成。除了将数据从应用程序复制到 DefaultTableModel 中之外，还可以通过 TableModel 接口的方法来包装数据，这样可将数据直接传递到表格，通常可以提高应用程序的效率，因为模型可以自由选择最适合数据的内部表示形式。那么到底使用 AbstractTableModel 还是使用 DefaultTableModel 呢？一般在需要创建子类时使用 AbstractTableModel 作为基类，在不需要创建子类时则使用 DefaultTableModel。

JTable 使用唯一的整数来引用它所限制的模型的行和列。它只是采用表格的单元格范围，并在绘制时使用方法 getValueAt(int, int) 从模型中检索值。

默认情况下，在 JTable 中对列进行重新安排，这样再视图中列的出现顺序与模型中列的顺序不同。当表中的列重新排列时，JTable 在内部保持列的新顺序，并在查询模型前转换其列的索引。因此编写 TableModel 时，不必监听列的重排事件。

JTable 类的构造方法和常用方法见表 10-23。

表 10-23 JTable 类的构造方法和常用方法

方法类型	方法名称	方法功能
构造方法	JTable()	构造默认的表格，使用默认的数据模型、列模型和选择模型对其进行初始化

方法类型	方法名称	方法功能
构造方法	JTable(int numRows, int numColumns)	使用 DefaultTableModel 构造具有空单元格的 numRows 行和 numColumns 列的表格
	JTable(Object[ ][ ] rowData, Object[ ] columnNames)	构造表格,用来显示二维数组 rowData 中的值,其列名称为 columnNames
	JTable(TableModel dm)	构造表格,使用 dm 作为数据模型,使用默认的列模型和选择模型对其进行初始化
	JTable(TableModel dm, TableColumnModel cm)	构造表格,使用 dm 作为数据模型,cm 作为列模型和默认的选择模型对其进行初始化
	JTable(TableModel dm, TableColumnModel cm, ListSelectionModel sm)	构造表格,使用 dm 作为数据模型,cm 作为列模型和 sm 作为选择模型对其进行初始化
	JTable(Vector rowData, Vector columnNames)	构造表格,用来显示 Vector 的 rowData 中的值,其列名称为 columnNames
常用方法	void addColumn(TableColumn aColumn)	将 aColumn 追加到此表格的列模型所保持的列数组的结尾
	void addColumnSelectionInterval(int index0, int index1)	将从 index0 到 index1(包含)之间的列添加到当前选择中
	void clearSelection()	取消选中所有已选定的行和列
	void setPreferredScrollableViewportSize(Dimension size)	设置此表视口的首选大小

在应用 JTable 时,常常要用到 AbstractTableModel 类,其常用方法见表 10-24。

表 10-24　AbstractTableModel 类的常用方法

方法名称	方法功能
int getRowCount()	返回表格中的行数
int getColumnCount()	返回表格中的列数
Object getValueAt(int row, int column)	返回指定单元格的值
isCellEditable(int rowIndex, int columnIndex)	检查指定单元格是否可编辑
setValueAt(Object aValue, int rowIndex, int columnIndex)	设置指定单元格的值

10.3　布局管理器

在 Java 程序设计中,平台独立性是一个十分重要的特性。Java GUI 程序也不例外,因外平台的不同会使得组件在屏幕上的布局特性(组件的大小和位置等)不同。为了保持组件的平台独立性,Java 引入了布局管理器(LayoutManager)来控制组件的布局。布局管理器用于安排组件在容器中的位置,也使得组件的布局管理更加规范、更加方便。使用布局管理器可以实现跨平台的特性并且获得动态的布局效果。布局管理器负责组件的管理组件的排列顺序、大小和位置。不同的布局管理器使用不同的布局策略，容器可以通过选择不同的布局管理器来决定布局。

10.3.1 流式布局

流式布局（FlowLayout）是 Panel 和 Applet 的默认布局管理器。在 FlowLayout 中，组件在容器中按照从上到下、从左到右的顺序进行排列，如果当前行放置不下，则换行放置。

FlowLayout 的构造方法和常用方法见表 10-25。

表 10-25　FlowLayout 的构造方法和常用方法

方法类型	方法名称	方法功能
构造方法	FlowLayout( )	组件默认的对齐方式是居中对齐，组件水平和垂直间距默认值为 5 像素
	FlowLayout(int align)	以指定方式对齐，组件间距为 5 像素，如 FlowLayout (FlowLayout.LEFT) 表示居左对齐，横向间隔和纵向间隔都是默认值为 5 个像素
	FlowLayout(int align, int hgap, int vgap)	以指定方式对齐，并指定组件水平和垂直间距
常用方法	addLayoutComponent(String name, Component comp)	将指定组件添加到布局
	void removeLayoutComponent (Component comp)	从布局中移去指定组件
	void setHgap(int hgap)	设置组件间的水平方向间距
	void setVgap(int vgap)	得到组件间的垂直方向间距
	void setAlignment(int align)	设置组件对齐方式

10.3.2 边界布局

边界布局（BorderLayout）是 Window、Frame 和 Dialog 的默认布局管理器。BorderLayout 布局管理器把容器分成 North、South、East、West、和 Center 共 5 个区域，每个区域只能放置一个组件。如果容器采用 BorderLayout 进行布局管理，在用方法 add( ) 添加组件到容器时，必须注明添加到哪个位置。使用 BorderLayout 时，如果容器大小发生变化，组件的相对位置不变，但大小发生变化。

BorderLayout 中的中间区域是在东、南、西、北都填满后剩下的区域。当窗口垂直延伸时，东、西、中区域延伸；而当窗口水平延伸时，南、北、中区域延伸。BorderLayout 是平常用得比较多的布局管理器。在容器变化时，组件相对位置不变，大小发生变化。在使用 BorderLayout 时，区域名称拼写要正确，尤其是在选择不使用常量（如 add(button,"Center")）而使用 add(button, BorderLayout.CENTER) 时，拼写与大写很关键。其构造方法有以下两种。

1) BorderLayout( )：以默认方式（组件没有间距）构造边界布局。

2) BorderLayout(int hgap, int vgap): 以指定水平间距和垂直间距构造边界布局。其中, hgap 和 vgap 分别为组件间水平和垂直方向上的空白空间。

10.3.3 网格布局

网格布局 (GridLayout) 使容器中各个组件呈网格状布局, 平均占据容器的空间。即使容器的大小发生变化, 每个组件还是平均占据容器的空间。组件在容器中的布局是按照从上到下、从左到右的规律进行的。

GridLayout 的规则相当简单, 允许用户以规则的行和列指定布局方式, 每个单元格的尺寸取决于单元格的数量和容器的大小, 组件大小一致。

GridLayout 的构造方法和常用方法见表 10-26。

表 10-26 GridLayout 的构造方法和常用方法

方法类型	方法名称	方法功能
构造方法	GridLayout( )	以默认的单行、每列布局一个组件的方式构造网格布局
	GridLayout(int rows, int cols)	以指定的行和列构造网格布局
	GridLayout(int rows, int cols, int hgap, int vgap)	以指定的行、列、水平间距和垂直间距构造网格布局
常用方法	void setRows(int rows)	设置行数
	void setColumns(int cols)	设置列数

10.3.4 其他部件管理器

1. 卡片布局

卡片布局 (CardLayout) 能够帮助程序员处理两个以至更多的成员共享一显示空间的问题, 它把容器分成许多层, 每层的显示空间占据整个容器的大小, 并且每层只允许放置一个组件, 可以通过 Panel 来实现每层的复杂的用户界面。

CardLayout 的构造方法和常用方法见表 10-27。

表 10-27 CardLayout 的构造方法和常用方法

方法类型	方法名称	方法功能
构造方法	CardLayout( )	构造没有间距的卡片布局
	CardLayout(int hgap, int vgap)	构造指定间距的卡片布局
	void first(Container parent)	移到指定容器的第一个卡片
	void next(Container parent)	移到指定容器的下一个卡片
	void previous(Container parent)	移到指定容器的前一个卡片
	void last(Container parent)	移到指定容器的最后一个卡片
	void show(Container parent, String name)	显示指定卡片

2. 网格袋布局

网格袋布局（GridBagLayout）是功能最强大、最复杂和最难使用的布局管理器，使用布局常量来决定布局的方式。这些常量包括在 GridBagConstraints 类中，详细信息见表 10-28。

表 10-28　GridBagLayout 类布局常量

常量名	含义
Anchor	指定组件的布局位置
CENTER	将组件放在有效区域的中央
EAST	将组件放在有效区域中央的右边
NORTH	将组件放在有效区域中央顶边
NORTHEAST	将组件放在有效区域右上角
NORTHWEST	将组将放在有效区域左上角
SOUTH	将组件放在有效区域中央底边
SOUTHEAST	将组件放在有效区域右下角
SOUTHWEST	将组件放在有效区域左下角
WEST	将组件放在有效区域中央的左边
fill	确定分配给组件的空间大于默认尺寸时的填充方式
BOTH	直接填充组件四周的空间
HORIZONTAL	直接填充组件水平方向的空间
NONE	不填充，使用默认的尺寸
VERTICAL	直接填充组件垂直方向的空间
gridwidth	指定组件在网格中的宽度，常量 REMAINDER 指定该组件是最后一个，可以使用剩余的所有空间
gridheight	指定组件在网格中的高度，常量 REMAINDER 指定该组件是最后一个，可以使用剩余的所有空间
gridx	指定水平方向上左边组件的网格位置，常量 RELATIVE 为前一个组件右边的位置
gridy	指定垂直方向上顶边组将的网格位置，常量 RELATIVE 为前一个组件下边的位置
insets	指定对象四周的保留空白
ipadx	指定组件左右两边的空白
ipday	指定组件上下两边的空白
weightx	指定组件之间如何分配水平方向的空间，只是一个相对值
weithty	指定组件之间如何分配垂直方向的空间，只是一个相对值

3. 空布局

除了以上介绍的各种布局管理器外，Java 也允许程序员不使用布局管理器，而是直接指定各个组件的位置。通过方法 setLayout(null) 可以设置容器为空布局管理，再通过组件的方法 setBounds(int, int, int, int) 对组件的位置和大小进行控制。

【例 10-8】实现组件布局，效果如图 10-13 所示。理解流式布局、网格布局、边界布局和卡片布局方式，能根据实际需要选择合适的布局方式和布局组件。具体代码参见配套资源 Chap10_8.java。

图 10-13　4 种组件布局
a) 流式布局　b) 网格布局　c) 边界布局　d) 卡片布局

在本例中：
1) 在调试程序时，请注意将相关代码进行注释。
2) 请注意布局类型的选择与组件添加代码保持一致。
3) 为了能够精确的对组件进行定位，可以使用空布局（但程序的移植性欠佳）。

10.4　其他相关类

10.4.1　Graphics 类

Graphics 类是 Java 语言用于绘图的基础类，用它可以绘制出一些比较简单的图形。

实际编程时，通常都使用面板做画布。要在面板上绘图，需要定义一个继承于 JPanel 的新类，并覆盖其中的下述方法：

```
protected void paintComponent(Graphics g)
```

其中，参数 g 是一个类 java.awt.Graphics 的对象。该方法是在类 JComponent 中定义的，当需要绘制或重新绘制 JComponent 组件时，系统便会自动调用这个方法。当它被调用时，系统会自动创建与当前平台相关的 Graphics 对象传递给它，因此在该方法中可以运用这个对象来绘图。

Graphics 类的常用绘图方法见表 10-29。

表 10-29 Graphics 类的常用绘图方法

方法类型	方法名称	方法功能
绘图方法	drawString(String str, int x, int y)	绘制字符串 str，字符串最左边的字符画在坐标（x, y）处
	drawLine(int x1, int y1, int x2, int y2)	绘制一段直线，其中（x1, y1）代表线段的起点，（x2, y2）代表线段的终点
	drawPolyline(int[ ] x, int[ ] y, int npoints)	绘制多边形线段，其中 x[ ]、y[ ] 为多边形线段顶点坐标的位置，npoints 表示多边形顶点的数目
	drawRect(int x, int y, int w, int h)	绘制矩形，其中（x, y）为绘制矩形左上角顶点的坐标，w 为矩形的宽度，h 为矩形的高度
	fillRect(int x, int y, int w, int h)	绘制矩形，并在其封闭空间填充颜色，其中（x, y）为绘制填满矩形的左上角顶点的坐标，w 为矩形的宽度，h 为矩形的高度
	drawRoundRect(int x, int y, int w, int h)	绘制圆矩形，其中（x, y）为绘制圆矩形左上角的坐标，w 为圆矩形的宽度，h 为圆矩形的高度
	fillRoundRect(int x, int y, int w, int h, int arcw, int arch)	绘制圆矩形，并在其封闭空间填充颜色，其中（x, y）为绘制圆矩形左上角的坐标，w 为圆矩形的宽度，h 为圆矩形的高度，arcw 为圆矩形圆弧的宽度，arch 为圆矩形圆弧的高度
	drawArc(int x, int y, int w, int h, int p, int q)	绘制弧形，其中（x, y）为绘制弧形的中心，w 为弧形的宽度，h 为弧形的高度，p 为弧形的起始角度，q 为弧形的弧度
	fillArc(int x, int y, int w, int h, int p, int q)	绘制弧形，并填满内部，其中（x, y）为绘制弧形的中心，w 为弧形的宽度，h 为弧形的高度，p 为弧形的起始角度，q 为弧形的弧度
	drawOval(int x, int y, int w, int h)	绘制椭圆形，其中（x, y）为绘制椭圆形的圆心，w 为椭圆形的宽度，h 为椭圆形的高度
	fillOval(int x, int y, int w, int h)	绘制椭圆形，并填满内部，其中（x, y）为绘制椭圆形的圆心，w 为椭圆形的宽度，h 为椭圆形的高度

10.4.2 Font 类

Java 语言中用 Font 类来设置字体。一个 Font 类的对象表示了一种字体的显示效果，包括字体类型、字型和字号。

Font 类的构造方法见表 10-30。

表 10-30　Font 类的构造方法

方法类型	方法名称	方法功能
构造方法	Font (String name, int style, int size)	创建一个字体对象，其中，name 代表字体名称，style 代表字体风格，size 指定字号大小。字体名称可以是 Helvetica、TimesRoman、Courier、宋体和楷体等，字体风格可以选择 Font. BOLD、Font. ITALIC 和 Font. PLAIN，并可以组合使用

创建字体后，如果希望将它设置为某个组件的字体，可以调用类 java.awt.Component 中定义的方法 setFont(Font f)，例如：

```
Font font = new Font("Helvetica",Font.BOLD + Font.ITALIC,12);
JTextField textField = new JTextField();
textField.setFont(font);
```

如果希望将它设置为后续所画对象的字体，可以调用类 java.awt.Graphics 中定义的方法 setFont(Font f)，例如：

```
g.setFont(font);
```

10.4.3　Color 类

Java 语言中用 Color 类来设置颜色，其构造方法见表 10-31。

表 10-31　Color 类的构造方法

方法类型	方法名称	方法功能
构造方法	Color(int r, int g, int b)	创建一个颜色对象，其中，参数 r、g、b 分别用于指定颜色对象中的红、绿、蓝成分，它们的取值都只能是 0 ~ 255

创建颜色后，可以调用类 java.awt.Component 中定义的方法 setBackground(Color c) 和 setForeground(Color c) 来设置当前组件的背景色和前景色，也可以调用类 java.awt.Graphics 中定义方法 setColor(Color c) 为后续所画对象设置颜色。

为了使用上的方便，Color 类中将 13 种标准颜色对象定义为静态常量，分别是 BLACK（黑）、BLUE（蓝）、CYAN（青）、DARK_GRAY（深灰）、GRAY（灰）、GREEN（绿）、LIGHT_GRAY（浅灰）、MAGENTA（洋红）、ORANGE（橙）、PINK（粉）、RED（红）、WHITE（白）、YELLOW（黄），编程时可以直接使用它们。

【例 10-9】在面板中绘制太极图形，效果如图 10-14 所示。通过扩展 JPanel 类并覆盖此类的方法 paintComponent() 实现绘图操作。具体代码参见配套资源 Ch10_9.java。

图 10-14　例 10-9 效果

> **注意**：在覆盖方法 paintComponent(Graphics g) 时，为确保视图区域在显示新图前是干净的，应该首先调用该方法的父类版本。

【例 10-10】设置字体和颜色，效果如图 10-15 所示。进一步掌握 Font 类和 Color 类的用法。具体代码参见配套资源 Ch10_10.java。

在本例中，方法 getWidth() 和 getHeight() 是在类 java.awt.JComponent 中定义的，分别用于返回当前组件的宽度和高度。

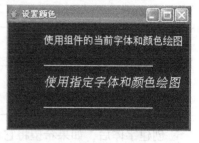

图 10-15 例 10-10 效果

本章小结

本章主要介绍了 Java API 提供的实现图形用户界面的组件 Swing。Swing 包含了用于设计图形用户界面的顶层容器组件、中间容器组件、基本控制组件和布局管理组件等。

1. Swing 组件，主要掌握每种组件的构造方法、主要方法及用处。
2. 窗口及菜单设计，主要掌握框架（JFrame）的使用及如何创建标准菜单系统。
3. 布局管理器，主要学习如何利用流式布局、边界布局、网格布局、卡片布局、空布局等来安排界面上的多个组件。
4. Java 图形设计，主要掌握颜色、字体的设置及各种几何图形的绘制。

习 题 10

一. 选择题

1. Window 是显示屏上独立的窗口，它独立于其他容器。Window 的两种形式是（   ）。
   A. JFrame 和 JDialog   B. JPanel 和 JFrame
   C. Container 和 Component   D. LayoutManager 和 Container
2. 下列不是顶级容器的是（   ）。
   A. JFrame   B. JDialog   C. JOptionPane   D. JApplet
3. JFrame 的默认布局管理器是（   ）。
   A. FlowLayout   B. CardLayout
   C. BorderLayout   D. GridLayout
4. 下列语句中正确的是（   ）。
   A. Object o = new JButton("A");   B. JButton b = new Object("B");
   C. JPanel p = new JFrame();   D. JFrame f = new JPanel();
5. （   ）布局管理器使容器中各个组件呈网格状布局，平均占据容器的空间。
   A. FlowLayout   B. BorderLayout   C. GridLayout   D. CardLayout

二. 简答题

1. 布局管理器的作用是什么？Java 提供了哪几种布局管理器？
2. 文本框和标签之间的区别是什么？

3. 设计一个菜单的步骤是什么？

三．编程题

1. 创建一个 JFrame 窗口，向其中添加一个面板组件，并在面板组件上添加两个按钮和一个标签。程序运行的初始界面如图 10-16 所示。

2. 完成一个学生成绩统计页面。先将 3 个标签和 3 个文本区域按网格布局放入面板中，然后将面板与另一个文本区域以及"保存"按钮按边界布局放入框架中。程序运行的初始界面如图 10-17 所示。

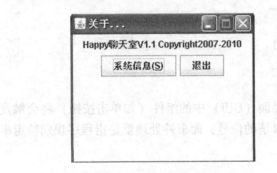

图 10-16 程序设计题 1 效果

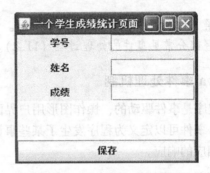

图 10-17 程序设计题 2 效果

第 11 章　图形用户界面的功能实现

学习目标

1. 了解 Java GUI 事件处理机制（11.1）。
2. 掌握部分常见事件的处理过程（11.2）。

11.1　Java 事件处理机制

Java 程序是事件驱动的，操作图形用户界面（GUI）中的组件（如单击按钮）将会触发某种事件。事件可以定义为程序发生了某些事情的信号，而事件处理就是指程序识别特定事件并做出相应的响应。

11.1.1　事件和事件源

用户操作 GUI 组件可以触发事件，而触发某一事件的组件就是该事件的事件源（Java 语言中，并非所有事件源都是 GUI 组件，例如，可以是定时器类 java.swing.Timer）。不同类型的事件分别属于不同的事件类，Java 语言定义了代表每种类型事件的类。部分常见事件类的继承关系如图 11-1 所示。

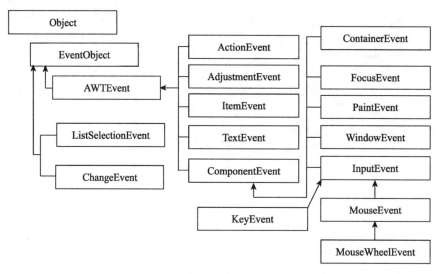

图 11-1　部分常见事件类的继承关系

图 11-1 中的事件类除 ListSelectionEvent 和 ChangeEvent 包含在包 javax.swing.event 中外，其他的类都包含包 java.awt.event 中。事件类描述了与该类事件有关的所有信息，它们都是类 java.util.EventObject 的直接或间接子类，因此，事件对象可以调用 EventObject 类中定义的方法 getSource() 来获取触发当前事件的事件源。表 11-1 列出了用户操作 GUI 组件时经常

触发的事件及相应事件源类型。

表 11-1　常见事件及相应的事件源类型

事件源	用户操作	事　件
JButton	单击按钮	ActionEvent
JTextField	在本文框按 <Enter> 键	ActionEvent
JCheckBox	单击复选框	ActionEvent、ItemEvent
JRadioButton	单击单选按钮	ActionEvent、ItemEvent
JComboBox	选定选项	ActionEvent、ItemEvent
JList	选定选项	ListSelectionEvent
JMenuItem	选定菜单项	ActionEvent、ItemEvent
JSlider	滑动滑块	ChangeEvent
Window	窗口打开、关闭等	WindowEvent
Component	单击或移动鼠标	MouseEvent
Component	按下或松开键盘上的键	KeyEvent
Container	在容器中添加或删除组件	ContainerEvent
Component	组件获得或失去焦点	FocusEvent
Component	组件移动、改变大小等	ComponentEvent
JScrollBar	移动滚动条	AdjustmentEvent

如果一个组件能触发某种事件，那么该组件的所有子类也可触发同样的事件。

11.1.2　事件监听器

Java 事件处理机制使用的是事件委托处理模型。在这个事件处理模型中，组件触发某一特定事件后，相关事件监听器将接收并对事件做出相应的处理。不过，事件监听器并不会自动接收某个组件触发的事件，要想监听器接收某个组件触发的某种事件，就必须在该事件源中注册它（因此，程序或有选择地忽略事件）。所谓注册就是指调用事件源提供的注册方法来声明某个对象是该事件源的监听器。一个组件可以有多个监听器，每种监听器都只能接收某种特定的事件，注册方法与该监听器的类型有关。这一过程如图 11-2 所示。

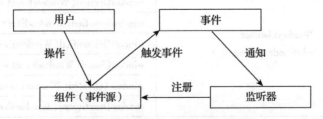

图 11-2　事件触发、注册及处理过程

每个监听器都是一个对象，其所属类必须实现 Java 语言定义的相应监听器接口。监听器接口定义了相应监听器接收和响应特定事件的方法。表 11-2 列出了一些常见事件的监听器接口及注册方法。

表 11-2 部分常见事件的监听器接口

事件	监听器接口及注册方法	监听器方法
ActionEvent	ActionListener addActionListener( )	actionPerformed(ActionEvent e)
AdjustmentEvent	AdjustmentListener addAdjustmentListener( )	adjustmentValueChanged(AdjustmentEvent e)
ComponentEvent	ComponentListener addComponentListener( )	componentMoved(ComponentEvent e) componentHidden(ComponentEvent e) componentResized(ComponentEvent e) componentShown(ComponentEvent e)
ContainerEvent	ContainerListener addContainerListener( )	componentAdded(ContainerEvent e) componentRemoved(ContainerEvent e)
FocusEvent	FocusListener addFocusListener( )	focusGained(FocusEvent e) focusLost(FocusEvent e)
ItemEvent	ItemListener addItemListener( )	itemStateChanged(ItemEvent e)
KeyEvent	KeyListener addKeyListener( )	keyPressed(KeyEvent e) keyReleased(KeyEvent e) keyTyped(KeyEvent e)
MouseEvent	MouseMotionListener addMouseMotionListener( )	mouseDragged(MouseEvent e) mouseMoved(MouseEvent e)
MouseEvent	MouseListener addMouseListener( )	mousePressed(MouseEvent e) mouseReleased(MouseEvent e) mouseEntered(MouseEvent e) mouseExited(MouseEvent e) mouseClicked(MouseEvent e)
TextEvent	TextListener addTextListener( )	textValueChanged(TextEvent e)
WindowEvent	WindowListener addWindowListener( )	windowClosing(WindowEvent e) windowOpened(WindowEvent e) windowIconified(WindowEvent e) windowDeiconified(WindowEvent e) windowClosed(WindowEvent e) windowActivated(WindowEvent e) windowDeactivated(WindowEvent e)
ChangeEvent	ChangeListener addChangeListener( )	stateChanged(ChangeEvent e)
ListSelectionEvent	ListSelectionListener addListSelectionListener( )	valueChanged(ListSelectionEvent e)

由表 11-2 可知，Java 语言为每种类型的事件都定义了相应的监听器接口和注册方法，而且它们的命名非常有规律。一般来说，×××事件的监听器接口是×××Listener，注册方法是 add×××Listener()。不过上表中，事件 MouseEvent 是一个例外，它有两个相应的监听器接口，其中接口 MouseMotionListener 不符合这个规则。实现接口 MouseMotionListener 的类的对象用于监听鼠标的移动和拖动，鼠标的移动和拖动也属于鼠标事件。

实际编程时，程序员需要做的就是实现监听器接口，并创建对象，然后在相关事件源中注册。当一个事件发生时，相应的事件源负责检查其中注册的监听器并发送适当的事件通知，相应监听器将接收事件并做出相应响应。例如，单击按钮将会触发 ActiveEvent（动作事件），如果需要处理这个事件，程序中就必须创建一个实现接口 ActiveListener 的类的对象，并调用方法 addActiveListener() 向该按钮注册。接口 ActiveListener 中的方法 actionPerformed() 在实现时定义了事件的处理方式，一旦按钮被按下，该方法将被自动调用以响应事件。

> **注意**：事件处理的类代码要对某一类事件加以处理，则应实现它们所对应的现监听器接口，并且给出该接口中定义的全部事件响应函数的功能实现（重写其函数体）；然后在创建组件时注册该事件的监听器（响应者）。

11.1.3 监听器接口适配器

由表 11-2 可以看出，某些监听器接口定义有多个方法，但是实际编程时往往只会用到其中的部分方法。对接口而言，一旦使用它，即使程序中不需要该接口的其他方法执行任何操作，也必须同时实现它们，这显然比较麻烦。

为了解决这个问题，Java 语言为所有具有多个方法的监听器接口提供了相应的适配器类，表 11-3 列出了一些常用监听器接口的适配器类。

表 11-3 常用监听器接口及相应的适配器

监听器接口	监听适配器	监听器接口	监听适配器
ComponentListener	ComponentAdapter	MouseListener	MouseAdapter
ContainerListener	ContainerAdapter	MouseMotionListener	MouseMotionAdapter
FocusListener	FocusAdapter	WindowListener	WindowAdapter
KeyListener	KeyAdapter		

适配器用空方法实现了相应监听器接口中的每个方法，因此，定义监听器类时，只须继承相应适配器并覆盖必要的方法。

11.2 事件处理

11.2.1 处理动作事件

动作事件类（ActionEvent）是第一个高级的事件类，当使用者单击按钮（JButton）、选择列表数据项（JList）或菜单栏数据项（JMenuItem）、在文本框（JTextField）中输入文本并按下 <Enter> 键，动作事件就在事件队列查找注册在案的动作事件监听对象来处理。

ActionEvent 类的常用方法见表 11-4。

表 11-4 ActionEvent 类的常用方法

方法名称	方法功能
String getActionCommand( )	返回与此动作相关的命令字符串
int getModifiers( )	返回发生此动作事件期间按下的组合键
String paramString( )	返回标识此动作事件的参数字符串

【例 11-1】 处理动作事件示例。定义一个窗口，窗口内设置两个按钮，当单击"Red"按钮时，窗口的背景色设置成红色；单击"Green"按钮时，窗口的背景色设置成绿色，参见图 11-3。

```java
import javax.swing.*;
import java.awt.*;
import java.awt.event.*;
public class C11_1 {
    public static void main(String[] args){
        ButtonDemo myButtonGUI = new ButtonDemo();
        myButtonGUI.setVisible(true);
    }
}
class ButtonDemo extends JFrame implements ActionListener{   /* 给出实现(定义)该接口的类的定义,处理事件的方法要包含到这个接口类中 */
    public static final int Width =250;
    public static final int Height =200;
    ButtonDemo(){
        String qq ="按钮事件示例";
        setSize(Width,Height);
        setTitle(qq);
        Container conPane = getContentPane();   /* 获取窗口对象 ButtonDemo 的内容面板,并给该内容面板起一个名字 conPan */
        conPane.setBackground(Color.BLUE);
        conPane.setLayout(new FlowLayout());   //采用 FlowLayout 布局
        JButton redBut = new JButton("Red");
        redBut.addActionListener(this);   //给"Red"按钮注册监听器(监听者)
        conPane.add(redBut);   //把按钮添加到内容面板中
        JButton greenBut = new JButton("Green");
        greenBut.addActionListener(this);   //给"Green"按钮注册监听器(监听者)
        conPane.add(greenBut);
    }
    public void actionPerformed(ActionEvent e){   //实现(定义)接口处理事件的方法
        Container conPane = getContentPane();
        if(e.getActionCommand().equals("Red"))
            conPane.setBackground(Color.red);
        else if(e.getActionCommand().equals("Green"))
```

```
            conPane.setBackground(Color.GREEN);
        }
    }
```

在本例中，用鼠标单击按钮产生事件对象，将事件送达监听器对象，这个过程称为激发事件。当一个事件被送到监听器对象时，监听器对象实现的接口方法被调用，调用时系统会提供事件对象的参数。程序中虽然没有调用监听器方法的代码，但是程序做了两件事：

1）指定哪一个对象是监听器，它将响应由按钮激发的事件，这个步骤称为监听器注册。

2）必须定义一个方法，当事件送到监听器时，这个方法被调用。

图 11-3　例 11-1 效果

程序中没有调用这个方法的代码，这个调用是系统执行的。

上面的程序中的语句"redBut. addActionListener(this) ;"注册 this 作为 redBut 按钮的监听器，随后的代码也注册 this 作为 greenBut 按钮的监听器。在上述程序中，this 就是当前的 ButtonDemo 类的对象 myButtonGUI。这样，ButtonDemo 类就是监听器对象的类，对象 myButtonGUI 作为两个按钮的监听器（一个监听器可以被注册到多个不同的事件源上）。在 ButtonDemo 类中有监听器方法的实现，当一个按钮被单击时，系统以事件的激发者为参数，自动调用方法 actionPerformed( )。

组件不同，激发的事件种类也不同，监听器类的种类也不同。按钮激发的事件称为 action 事件，相应的监听器称为 action 监听器。一个 action 监听器对象的类型为 ActionListener，类要实现 ActionListener 接口。程序体现这些内容需要做到两点：

1）在类定义的首行接上代码"implements ActionListener"。

2）类内定义方法 actionPerformed( )。

前面程序中的 ButtonDemo 类正确地做到了这两点。

每个界面元素当激发事件时，都有一个字符串与这个事件相对应，这个字符串称为 action 命令。用代码"e. getActionCommand( )"就能获取 action 事件参数 e 的命令字符串，据此，方法 actionPerformed( ) 就能知道是哪一个激发的事件。在默认情况下，按钮的命令字符串就是按钮上的文字。如有必要可以用方法 setActionCommand( ) 为界面组件设置命令字符串。

11.2.2　处理数据项事件

数据项事件类（ItemEvent）直接继承自 AWTEvent 类，属高层次事件类，当选择一个数据项时发生此事件，常见触发此事件的组件有复选框（JCheckBox）、组合框（JComboBox）和单选按钮（JRadioButton）。ItemEvent 类的常用方法见表 14-5。

表 14-5　ItemEvent 类的常用方法

方法名称	方法功能
Object getItem( )	返回受事件影响的项

(续)

方法名称	方法功能
ItemSelectable getItemSelectable( )	返回事件的产生程序
int getStateChange( )	返回状态更改的类型（已选定或已取消选定）
String paramString( )	返回标识此项事件的参数字符串

【例11-2】处理选择项目事件示例。一个由3个单选按钮组成的产品选择组，当选中某个产品时，文本区将显示该产品的信息。另有一个由3个选择框组成的购买产品数量选择框组，当选择了购买数量后，在另一个文本框显示每台的价格。具体代码参见配套资源Chap11_2.java，运行效果如图11-4所示。

图 11-4　例 11-2 效果

11.2.3　处理调整事件

调整事件类（AdjustmentEvent）是除了动作事件类外的另一个高层次的事件类，主要用于反应滚动条（JScrollbar）指针的移动。当使用者拖曳滚动条的滑块时，调整事件就在事件队列中查找注册在案的倾听对象，请它们负责处理。AdjustmentEvent 类的常用方法见表 14-6。

表 14-6　AdjustmentEvent 类的常用方法

方法名称	方法功能
Adjustable getAdjustable( )	返回发起此事件的 Adjustable 对象
int getAdjustmentType( )	返回导致值更改事件的调整类型
int getValue( )	返回调整事件中的当前值
String paramString( )	返回表示此 Event 状态的字符串

【例11-3】处理调整事件示例。窗口有一个"开/关滚动条"按钮、一个文本框和一个滚动条。当滚动条处于打开状态时，移动滚动条上的滑块，滑块的对应值显示在文本框中。如果滚动条处于关闭状态，则移动滚动条的滑块，滑块的对应值在文本框中不显示，如图11-5 所示。具体代码参见配套资源 Chap11_3.java。

图 11-5　例 11-3 效果

在本例中，MyScrollBar 类定义的方法 getPreferredSize() 也是 Component 类中定义的方法，界面组件通过覆盖定义该方法确定界面组件的大小。当布局管理器在安排组件的布局时，就会调用该方法确定组件的大小。这个方法返回一个 Dimension 类型的对象，该对象含有两个整数，分别为组件的高和宽。在上述程序中，为滚动条指派的区域的宽是 125 个像素，高是 20 个像素。任何组件都可用上述方法来指定大小。

11.2.4 处理文本事件

文本事件类（TextEvent）直接继承自 AWTEvent 类，属高层次事件，是由于 TextComponent 元件的文本内容改变所引起的事件。TextComponent 类有两个子类 TextField 和 TextArea，因为 TextComponent 是一个抽象类，无法自己建立对象，必须靠它的子类帮它建立，所以建立 TextField 和 TextArea 对象时自动会建立 TextComponent 对象，可以说当 TextField 和 TextArea 元件文本内容改变，不管是输入数据还是使用方法 setTxt() 或 append()，都会触发 TextEvent 事件。事件触发时会通过事件队列查找注册在案的倾听对象来处理。与 java.awt.TextField 和 java.awt.TextArea 不同的是，在 javax.swing.JTextField 和 javax.swing.JtextArea 上不再有 TextEvent 事件，而是可以发生 DocumentEvent 事件，处理该事件在下一节中介绍。TextEvent 类的常用方法见表 11-7。

表 11-7 TextEvent 类的常用方法

方法名称	方法功能
String paramString()	返回标识此文本事件的参数字符串

【例 11-4】处理文本事件示例。有两个文本框，一个文本框用于输入一个整数，另一个文本框同时显示这个整数的平方值，运行效果如图 11-6 所示。具体代码参见配套资源 Chap11_4.java。

图 11-6 例 11-4 效果

在本例中，程序用字符串转基本类型的方法 Long.parseLong(text1.getText()) 读取文本框 text1 中的字符串，并将它转换成整数。

11.2.5 处理文档事件

可以发生文档事件（DocumentEvent）的事件源有 JtextComponent 类的直接子类和间接子类，如 JPasswordField、JTextArea、JTextField 和 JTextPane 等。文档事件的监听器接口是 DocumentListener。javax.swing.event.DocumentListener 接口中的方法见表 11-8。

表 11-8 DocumentListener 接口中的方法

方法名称	方法功能
changedUpdate(DocumentEvent e)	属性或属性集发生更改时调用
insertUpdate(DocumentEvent e)	对文档执行插入操作时调用
removeUpdate(DocumentEvent e)	移除一部分文档时调用

【例11-5】处理文档事件示例。有两个文本框，一个文本框用于输入文本，另一个文本框同时显示刚才输入的文本并指明操作类型，运行效果如图11-7所示，具体代码参见配套资源 Chap11_5.java。

图 11-7 例 11-5 效果

11.2.6 处理窗口事件

窗口事件（WindowEvent）是指示窗口状态改变的低级别事件。当打开、关闭、激活、停用、图标化或取消图标化窗口对象时，或者焦点转移到窗口内或移出窗口时，由窗口对象生成此低级别事件。

该事件被传递给每一个使用窗口的方法 addWindowListener( )注册以接收这种事件的 WindowListener 或 WindowAdapter 对象（WindowAdapter 对象实现 WindowListener 接口）。发生事件时，所有此类侦听器对象都将获得此窗口事件。WindowEvent 类的常用方法见表11-9。

表 11-9 WindowEvent 类的常用方法

方法名称	方法功能
int getNewState( )	对于 WINDOW_STATE_CHANGED 事件，返回新的窗口状态
int getOldState( )	对于 WINDOW_STATE_CHANGED 事件，返回以前的窗口状态
Window getOppositeWindow( )	返回在此焦点或活动性变化中所涉及的其他 Window
Window getWindow( )	返回事件的发起方
String paramString( )	返回标识此事件的参数字符串

【例11-6】处理窗口事件示例。应用程序定义了一个窗口，当窗口被完全激活时，窗口的背景色设置成蓝色；当窗口成为后台窗口时，窗口的背景色设置成红色，运行效果如图11-8、图11-9所示。具体代码参见配套资源 Chap11_6.java。

图 11-8 窗口被完全激活

图 11-9 窗口成为后台窗口

在本例中，引入接口 WindowListener，需要重写该接口的 7 个方法（不管用不用，必须都重写一遍），这显然比较麻烦，于是 Java 语言为 WindowListener 接口提供了相应的适配器类 WindowAdapter，该类用空方法实现了 WindowListener 中的每个方法。

如果将本例的 MyWindow 类重新继承于 WindowAdapter 类，则只须重写使用到的方法 windowActivated( )和 windowDeactivated( )，请读者修改代码进行测试。

11.2.7 处理键盘事件

键盘事件（KeyEvent）的事件源一般与组件相关，当一个组件处于激活状态时，按下、松开或单击键盘上的某个键就会发生键盘事件。键盘事件的接口 KeyListener 中的方法见表 11-10。

表 11-10　KeyListener 接口中的方法

方法名称	方法功能
keyPressed(KeyEvent e)	键盘上某个键被按下
keyReleased(KeyEvent e)	键盘上某个键被按下后又松开
keyTyped(KeyEvent e)	keyPressed 和 keyReleased 两方面的组合

KeyEvent 类的常用方法见表 11-11。

表 11-11　KeyEvent 类的常用方法

方法名称	方法功能
char getKeyChar()	返回与此事件中的键相关联的字符
int getKeyCode()	回与此事件中的键相关联的整数 keyCode
int getKeyLocation()	返回产生此按键事件的键位置
static String getKeyModifiersText(int modifiers)	返回描述组合键的 String，如 "Shift" 或 "Ctrl + Shift"
static String getKeyText(int keyCode)	返回描述 keyCode 的 String，如 "HOME" "F1" 或 "A"
boolean isActionKey()	返回此事件中的键是否为 "动作" 键
String paramString()	返回标识此事件的参数字符串
void setKeyChar(char keyChar)	设置 keyCode 值，以表明某个逻辑字符
void setKeyCode(int keyCode)	设置 keyCode 值，以表明某个物理键

【例 11-7】处理键盘事件示例。窗口中有一个文本域，当在键盘上按下某一个字母键时，文本域显示该键编码和字母本身，运行效果如图 11-10 所示。具体代码参见配套资源 Chap11_7.java。

11.2.8 处理鼠标事件

鼠标事件（MouseEvent）是指示组件中发生鼠标动作的事件。当且仅当动作发生时，鼠标指针处于特定组件边界未被遮掩的部分之上时才认为在该组件上发生了鼠标动作。组件边界可以被可见组件的子组件、菜单或顶层窗口所遮掩。此事件既可用于鼠标事件（单击、进入、离开），又可用于鼠标移动事件（移动和拖动）。

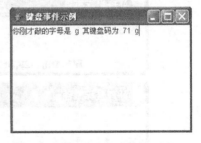

图 11-10　例 11-7 效果

通过组件对象可为下列活动生成此低级别的事件：

1) 鼠标事件。包括：

① 单击鼠标。

② 按下鼠标。

③ 松开鼠标（拖动后松开）。

④鼠标指针进入组件几何图形的未遮掩部分（鼠标进入容器）。
⑤鼠标指针离开组件几何图形的未遮掩部分（鼠标离开容器）。
2) 鼠标移动事件。包括：
①鼠标移动。
②鼠标拖动。
MouseEvent 类的常用方法见表 11-12。

表 11-12　MouseEvent 类的常用方法

方法名称	方法功能
int getButton( )	返回哪个鼠标按键更改了状态（如果有的话）
int getClickCount( )	返回与此事件关联的鼠标单击次数
static String getMouseModifiersText (int modifiers)	返回一个描述事件期间所按下的组合键和鼠标按键（如"Shift"或"Ctrl + Shift"）的 String
Point getPoint( )	返回事件相对于源组件的 x、y 位置
int getX( )	返回事件相对于源组件的水平 x 坐标
int getY( )	返回事件相对于源组件的水平 y 坐标
boolean isPopupTrigger( )	返回此鼠标事件是否为该平台的弹出菜单触发事件
String paramString( )	返回标识此事件的参数字符串
void translatePoint(int x, int y)	将事件的坐标平移到新位置，方法是将其坐标加上指定的 x（水平）和 y（垂直）偏移量

【例 11-8】处理鼠标事件示例。该程序在 JFrame 组件上监听鼠标事件。程序给 JFrame 组件分别注册了实现接口 MouseListener 和实现接口 MouseMotionListener 的事件监听对象 this（this 指向当前的 JFrame 对象）。每个鼠标事件的动作处理，都会在窗口底部的 JLabel 对象中显示一个字符串，以指明当前用户鼠标操作类型和鼠标光标位置，运行效果如图 11-11 所示。具体代码参见配套资源 Chap11_8.java。

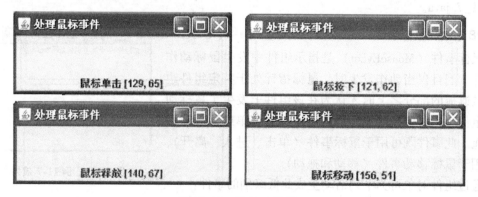

图 11-11　例 11-8 效果

在本例中，程序给 JFrame 组件注册了 MouseListener 和 MouseMotionListener 两种监听器。一般情况下，事件源可以产生多种不同类型的事件，因而可以注册（触发）多种不同类型的监听器。

11.3 综合实训

在 Java 事件处理程序中,由于与事件相关的事件监听器的类经常局限于一个类的内部,所以经常使用内部类。而且定义后内部类在事件处理中的使用就实例化一次,所以经常使用匿名类。

11.3.1 实训1:内部类作为事件监听器

```java
import java.awt.*;
import javax.swing.*;
import java.awt.event.*;
public class C11_9{
    JFrame f = new JFrame("内部类测试");
    JTextField tf = new JTextField(30);
    public C11_9(){
        f.add(new JLabel("请按下鼠标左键并拖动"), BorderLayout.NORTH);
        f.add(tf, BorderLayout.SOUTH);
        Container con = f.getContentPane();
        con.setBackground(new Color(120,175,175));
        f.addMouseMotionListener(new InnerMonitor());
        f.addMouseListener(new InnerMonitor());
        f.setSize(300,200);
        f.setVisible(true);
    }
    public static void main(String[] args) {
        Object t = new C11_9();
    }
    private class InnerMonitor implements MouseMotionListener, MouseListener{
        public void mouseDragged(MouseEvent e) {
            String s = "鼠标拖动到位置(" + e.getX() + "," + e.getY() + ")";
            tf.setText(s);
        }
        public void mouseEntered(MouseEvent e) {
            String s = "鼠标已进入窗体";
            tf.setText(s);
        }
        public void mouseExited(MouseEvent e) {
            String s = "鼠标已移出窗体";
            tf.setText(s);
        }
        public void mouseMoved(MouseEvent e) { }
        public void mousePressed(MouseEvent e) { }
        public void mouseClicked(MouseEvent e) { }
        public void mouseReleased(MouseEvent e) { }
    }
}
```

程序运行结果如图 11-12 所示。

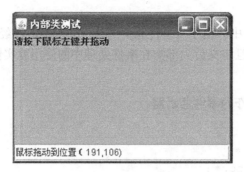

图 11-12　实训 1 效果

11.3.2　实训 2：匿名类作为事件监听器

```
import java.awt.*;
import javax.swing.*;
import java.awt.event.*;
public class C11_10 {
   JFrame f = new JFrame("匿名内部类测试");
   JTextField tf = new JTextField(30);
   public C11_10(){
      f.add(new Label("请按下鼠标左键并拖动"),"North");
      f.add(tf,"South");
      Container con = f.getContentPane();
      con.setBackground(new Color(120,175,175));
      f.addMouseMotionListener(new MouseMotionListener(){
         public void mouseDragged(MouseEvent e) {
            String s = "鼠标拖动到位置(" + e.getX() + "," + e.getY() + ")";
            tf.setText(s);
         }
         public void mouseMoved(MouseEvent e) { }
      });
      f.addWindowListener( new WindowAdapter() {
         public void windowClosing( WindowEvent e ){
            System.exit(0);
         }
      });
      f.setSize(300,200);
      f.setVisible(true);
   }
   public static void main(String[] args) {
      C11_10 t = new Ch11_10();
   }
}
```

程序运行结果如图 11-13 所示。

图 11-13　实训 2 效果

本章小结

本章主要介绍了 Java 事件处理机制。事件处理机制能够让图形界面响应用户的操作。
1. 理解事件处理模型三要素：事件源、事件对象、事件监听器。
2. 掌握事件处理程序完成过程：
1) 注册事件监听器。
2) 实现事件监听器接口中声明的事件处理方法。
3. 能处理常见的组件事件，如动作事件、数据项事件、文档事件和鼠标事件等。

习题 11

一. 简答题
1. 简述事件对象、事件源、监听器的概念。
2. Java 事件处理机制使用的事件委托处理模型原理是什么？

二. 编程题
1. 如图 11-14 所示。标签 1 的字号比文本框的字号大，当单击按钮时若输入文框中的数正确，则标签 2 文本显示"正确"，否则显示"不正确"。

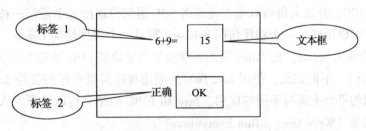

图 11-14　编程题 1 图

2. 在菜单栏加入两个菜单：File 和 Format。File 菜单中加入两个菜单项，用于显示对话框信息和中断程序运行。Format 菜单加入一组单选菜单项与一组复选菜单项，用于控制 JFrame 的内容面板上 label 内容的颜色和字体。程序运行的部分输出界面如图 11-15 所示。

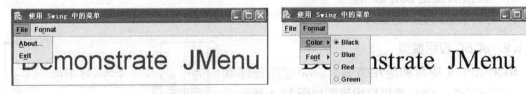

图 11-15　编程题 2 图

第 12 章 数据库编程

学习目标

1. 了解 JDBC 的相关概念 (12.1)。
2. 掌握建立 JDBC 连接的方法 (12.2)。
3. 掌握 JDBC 操作数据库的方法 (12.3)。

12.1 JDBC 概述

JDBC（Java DataBase Connectivity，Java 数据库连接）由一组用 Java 编写的类和接口组成。在具体的开发中，JDBC 为开发人员提供了一个标准的 API，使其能够编写数据库应用程序。

通过使用 JDBC，开发人员可以很方便地将 SQL 语句传送给几乎任何一种数据库。也就是说，开发人员可以不必写一个程序访问 Sybase，写另一个程序访问 Oracle，再写一个程序访问 Microsoft 的 SQL Server。用 JDBC 写的程序能够自动地将 SQL 语句传送给相应的数据库管理系统（DBMS）。不但如此，使用 Java 编写的应用程序可以在任何支持 Java 的平台上运行，不必在不同的平台上编写不同的应用。Java 和 JDBC 的结合可以让开发人员在开发数据库应用时真正实现"Write Once, Run Everywhere!"。

12.1.1 JDBC 的任务

简单地说，JDBC 能完成下列 3 件事：

1) 与一个数据库建立连接。
2) 向数据库发送 SQL 语句。
3) 处理数据库返回的结果。

12.1.2 JDBC 应用模型

JDBC API 支持两种应用方式：Java 应用程序和 Java 小应用程序。JDBC 两层应用模型如图 12-1 所示。

在两层应用模型中，Java 应用程序通过 JDBC 与特定的数据库服务器进行连接。在此方式下，要求 JDBC 能够与运行于特定数据库服务器上的 DBMS 进行通信。用户通过 Java 应用程序将 SQL 语句传递给特定的数据库，并将结果返回给用户。数据库可以存放在本地计算机或者是网络服务器上。Java 应用程序也可以通过网络访问远程数据库。如果数据库存放于网络服务器上，则是典型的客户/服务器模型应用。Java 应用程序最广泛的应用领域就是 Intranet。

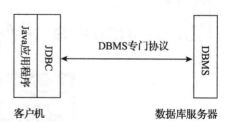

图 12-1 JDBC 两层应用模型

JDBC 三层应用模型如图 12-2 所示。

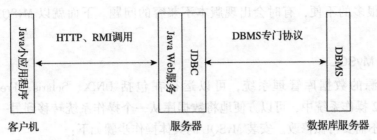

图 12-2 JDBC 三层应用模型

在三层应用模型中，客户通过浏览调用 Java 小应用程序，小应用程序通过 JDBC API 提出 SQL 请求，该请求首先传送给提供调用小应用程序的 Web 服务器。在服务器端通过 JDBC 与特定数据库服务器上的数据库进行连接，由数据服务器处理该 SQL 语句，然后将结果返回给 Web 服务器，最后由服务器将结果发送给用户。用户在浏览器中阅读获得的结果。

三层模型为用户提供了方便，即用户可以使用易用的高级 API，然后由中间层将其转换为低级调用，而不用关心低级调用的复杂细节问题。在许多情况下，三层模型可以提供更好的性能以及更好的安全保证。

12.1.3 JDBC 接口

JDBC 接口是指进行数据库操作提供的公共访问方法，使用这些方法可以简化对数据库的操作。JDBC 的接口一般是指在 JDK 包下的 java.sql.*，此处封装了大量的 JDBC 接口。本节只对几个最有用的接口作简要的介绍，见表 12-1，后面会通过实例进一步阐述。

表 12-1 JDBC 接口的基本介绍

API	说明
java.sql.Connection	提供动态创建和访问 Java 数组的静态方法。能够通过方法 getMetaData() 获得数据库提供的信息、所支持的 SQL 语法、存储过程和此连接的功能等信息
java.sql.Driver	每个驱动程序类必须实现的接口，同时，每个数据库驱动程序都应该提供一个实现 Driver 接口的类
java.sql.DriverManager	管理一组 JDBC 驱动程序的基本服务。作为初始化的一部分，此接口会尝试加载在 jdbc.drivers 系统属性中引用的驱动程序类
java.sql.PreparedStatement	继承 Statement 接口，表示预编译的 SQL 语句对象。SQL 语句被预编译并且存储在 PreparedStatement 对象中，然后可以使用此对象高效地多次执行该语句
java.sql.ResultSet	一般指查询返回的数据库结果集
java.sql.Statement	用于执行静态 SQL 语句并返回其所生成结果的对象

12.2 建立 JDBC 连接

本节讲述如何在程序中使用 JDBC 建立与数据库的连接。数据库的连接是 JDBC 进行查询的先决条件。现在主流的数据库都提供本身专用的数据库连接驱动，正因为这样也给程序员开发带来了很多的不便，有时会出现版本不兼容的问题。下面就以 MySQL 为例来介绍 JDBC 的操作。

12.2.1 安装 MySQL

MySQL 是源的数据库管理系统，可以运行在包括 UNIX、Solaris、FreeBSD、Linux、Windows、OS/2 操作系统中，可以方便地将数据库从一个操作系统转移到另一个操作系统，而数据各应用不需要再做修改。安装 MySQL 的具体操作步骤如下：

1）登录官方网站 http://www.mysql.com 下载 MySQL。本书用到的是 mysql-5.0.15-win32 压缩包，解压并安装即可。

2）配置 MySQL。安装完成后，出现创建 Mysql.com 账号的界面，此处选择"Skip Sign-Up"单选按钮，再单击"Next"按钮，弹出配置 MySQL 服务窗口。选中"Configure the MySQL Server now"复选框，立即开始配置 MySQL 服务器。配置过程除了采用默认设置外，有 3 点需要注意：首先是设置默认字符集窗口中选择"Manual Selected Default Character Set/Collation"单选按钮，选择 GBK 字符集以便支持简体中文；其次在 Windows 服务配置窗口中，"Install As Windows Service"复选框一定要勾选，这是将 MySQL 作为 Windows 的服务运行，同时"Include Bin Directory in Windows PATH"复选框也要勾选，方便命令操作 MySQL；最后，在设置根账号 root 的登录密码窗口中，"Modify Security Settings"是设置根账号的密码，输入设定的密码即可。

3）确保 MySQL 处于运行状态。检查方法是在命令提示符下找到 MySQL 的目录，如 C:\mysql\bin。输入"mysql"命令后，按 <Enter> 键执行。如果进入操作界面则表示运行成功；如果无法进入，则在这个目录下输入"mysql"命令，MySQL 就会启动。

4）登录官方网站 http://www.mysql.com，下载 MySQL 工具软件包 mysql-query-browser-1.1.14-win 和 mysql-administrator-1.1.2-win。MySQL Query Browser 是用来查询分析用的，对于查询分析得到的结果可以增删改查；MySQL Administrator 对数据库进行全方位的管理，功能强大。

5）下载 MySQL 的 JDBC 驱动程序包 MySQL Connector/J3.1。下载完后解压缩，有一个文件 mysql-connector-java-3.1.12-bin.jar，这就是 MySQL 的 JDBC 驱动程序。

12.2.2 建立和配置连接

创建和配置连接的操作步骤如下：

1）建立目录。在 E 盘根目录下建立 jdbc 文件夹，并在该文件夹下建立 3 个子文件夹及 1 个文本文件 table_login.sql，如图 12-3 所示。

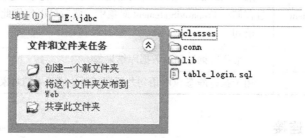

图 12-3 目录结构

table_login.sql 文件内容如下:

```
CREATE TABLE 'login' (
    'id' int(11) NOT NULL auto_increment,
    'name' varchar(100) default '',
    'password' varchar(100) default '',
    PRIMARY KEY ('id')
) ENGINE = InnoDB DEFAULT CHARSET = utf8;
```

2) 使用 MySQL Administrator 工具创建新的数据库 mydb,如图 12-4 所示。

图 12-4 创建数据库

3) 使用 MySQL Administrator 工具更改超级用户 root 的密码为 root,如图 12-5 所示。

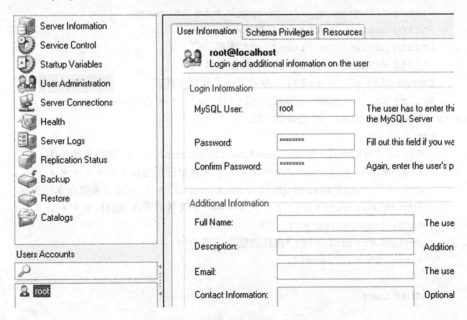

图 12-5 更改超级用户 root 密码

4) 在数据库 mydb 中创建表 login。在 MySQL Query Browser 工具中执行 jdbc 目录下的 table_login.txt 文件中的 SQL 语句，如图 12-6 所示。

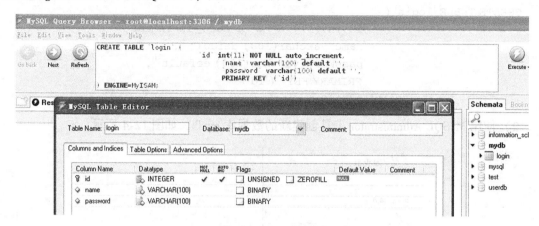

图 12-6　创建表 login

5) 编写 JDBC 程序。在 E:\jdbc\conn 目录下编写一个文件并保存为 DBUtil.java，程序代码如下：

```java
package conn;
import com.mysql.jdbc.Driver;
import java.sql.*;
public class DBUtil {
    /**
     * @param args
     */
    public static Connection getConn() {
        String driverName = "com.mysql.jdbc.Driver";
        String user = "root";    //数据库用户名
        String password = "root";    //密码
        String dbName = "mydb";    //数据库名
        Connection con = null;    //定义一个数据库连接
        String url = "jdbc:mysql://localhost/" + dbName + "? user =" + user + "&password =" + password;    //连接的 URL
        try {
            Class.forName(driverName).newInstance();    //加载驱动程序
            System.out.println("*******开始进行连接***********");
            con = DriverManager.getConnection(url);    //建立和数据库的连接
            System.out.println("*******连接数据库成功! ***\n");
        } catch (Exception e) {
            System.err.println("连接数据库不成功!");
            e.printStackTrace();
        }
        return con;
    }
    public static void main(String[] args) {
```

第12章 数据库编程

```
try {    //TODO 自动生成方法存根
    System.out.println("测试数据库连接开始\n");
    Statement statement = DBUtil.getConn().createStatement();
    System.out.println("测试数据库连接结束");
} catch (Exception e) {
    e.printStackTrace();
}
}
}
```

6) 配置编译环境。把 MySQL 的驱动程序 mysql-connector-java-3.1.12-bin.jar 复制到目录 E:\jdbc\lib 下，然后在环境变量 CLASSPATH 中追加 E:\jdbc\lib\mysql-connector-java-3.1.12-bin.jar；把类文件的包所在的路径添加到环境变量 CLASSPATH 中，假定 E:\jdbc\classes 目录用来放编译后的类文件，则在环境变量 CLASSPATH 中追加 E:\jdbc。

7) 编译目录 E:\jdbc\conn 下的 Java 文件。编译过程如图 12-7 所示，编译后得到的类文件如图 12-8 所示。

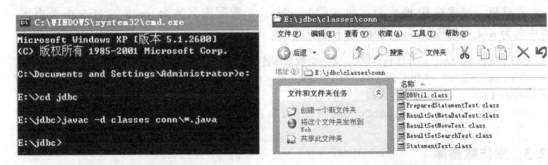

图 12-7 编译过程　　　　　　　图 12-8 编译结果

8) 连接测试。进入目录 E:\jdbc\classes\conn，并在该目录下测试 DBUtil.class 文件，结果如图 12-9 所示。

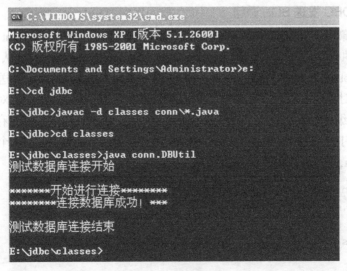

图 12-9 测试结果

12.2.3 连接过程

连接操作步骤如下:

1)加载驱动程序。在与特定数据库建立连接前,JDBC 都会加载相应的驱动程序。JDBC 可用的驱动程序有 JDBC—ODBC 桥接驱动器、JDBC 网络驱动器或是由特定数据库厂商提供的驱动程序等。

加载驱动程序的一种简单方法是使用方法 Class.forName() 显示加载一个驱动程序。这里要加载 MySQL 的 JDBC 驱动,则加载命令如下:

```
String driverName = "com.mysql.jdbc.Driver";
Class.forName(driverName).newInstance();
```

2)建立和数据库的连接。JDBC 中建立和数据库连接的方式非常简单,只要调用 java.sql.DriverManager 类的静态方法 getConnection() 即可。该方法接受 3 个字符串类型的参数:第 1 个参数为连接字符串;第 2 个参数为连接数据库的用户名;第 3 个参数为连接数据库的密码。该方法的返回值为代表数据库连接的 java.sql.Connection 对象。

在这里,要建立 IP 地址为本地(即 localhost),数据库名称为 mydb 的 MySQL 数据库,用户名为 root,密码为 root,因此如下建立连接:

```
Connection con = null;   //定义一个数据库连接
String url = "jdbc:mysql://localhost/" + dbName + "? user =" + user + "&password =" + password;   //连接的URL
con = DriverManager.getConnection(url);   //建立和数据库的连接
```

12.3 操作数据库

JDBC 连接数据库后之后,就可以对数据库中的数据进行操作了,可按以下步骤进行:
1)向数据库发送 SQL 语句。
2)处理数据库返回的结果。

12.3.1 利用 JDBC 发送 SQL 语句

Statement 对象用于将 SQL 语句发送到数据库中。实际上有 3 种 Statement 对象,它们都作为在给定连接上执行 SQL 语句的包容器:Statement、PreparedStatement(它从 Statement 继承而来)和 CallableStatement(从 PreparedStatement 继承而来)。它们都专用于发送特定类型的 SQL 语句:Statement 对象用于执行不带参数的简单 SQL 语句;PreparedStatement 对象用于执行带或不带 IN 参数的预编译 SQL 语句;CallableStatement 对象用于执行对数据库已存储过程的调用。

1)SQL 语句执行接口 Statement。在 E:\jdbc\conn 目录下编写一个文件并保存为 StatementTest.java,程序代码如下:

```
package conn;
import java.sql.Connection;
import java.sql.Statement;
public class StatementTest {
    /**
     * @param args
```

```
     */
    public static void main(String[] args) {
        try { //TODO 自动生成方法存根
            String sql = "insert into login(name,password)values('afuer','1234')";
//写一个执行的 SQL 语句
            Connection con = DBUtil.getConn();  //获得12.2.2节中的步骤5提供的连接
            System.out.println("===执行SQL语句开始===");
            Statement stmt = con.createStatement();
            stmt.executeUpdate(sql);
            System.out.println("===执行SQL语句成功===");
        } catch (Exception e) {
            e.printStackTrace();
        }
    }
}
```

编译目录 E:\jdbc\conn 下的 Java 文件，即再次执行 12.2.2 节中的步骤 7，然后进入目录 E:\jdbc\classes\conn，并在该目录下测试 StatementTest.class 文件，如图 12-10、图 12-11 所示。

图 12-10　执行成功

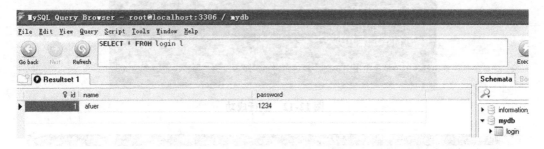

图 12-11　测试结果，在数据库 mydb 的表 login 中插入一条数据

2）SQL 语句预编译接口 PreparedStatement。在 E:\jdbc\conn 目录下编写一个文件并保存为 PreparedStatementTest.java，程序代码如下：

```
package conn;
import java.sql.Connection;
import java.sql.PreparedStatement;
public class PreparedStatementTest {
    /**
     * @param args
     */
```

```java
public static void main(String[] args) {
    try { //TODO 自动生成方法存根
        String sql = "insert into login(name,password) values(?,?)";  //写一个预处理的 SQL 语句
        Connection con = DBUtil.getConn();  //获得12.2.2节中的(5)提供的连接
        System.out.println("===添加预处理 SQL 语句===");
        PreparedStatement pst = con.prepareStatement(sql);
        System.out.println("===给 SQL 语句中的参数进行赋值===");
        for(int i =1;i <=5;i ++) {
            pst.setString(1,"afuer" +i);
            pst.setString(2,"1234" +i);
            pst.executeUpdate();
        }
        System.out.println("===执行 SQL 语句成功===");
    } catch (Exception e) {
        e.printStackTrace();
    }
}
```

编译目录 E:\jdbc\conn 下的 Java 文件，即再次执行 12.2.2 节中的步骤 7，然后进入目录 E:\jdbc\classes\conn，并在该目录下测试 PreparedStatementTest.class 文件，如图 12-12、图 12-13 所示。

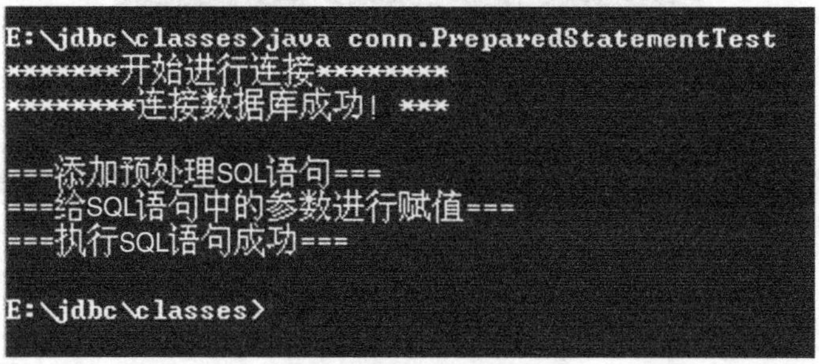

图 12-12 执行成功

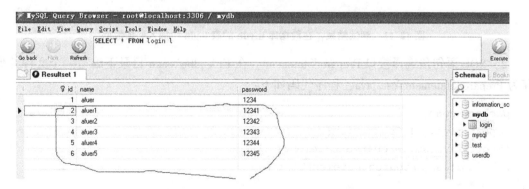

图 12-13 测试结果，在数据库 mydb 的表 login 中插入 5 条数据

注意：接口 PreparedStatement 可以不必过多关心字段是什么类型，只要在给参数赋值时，指明其类型即可。另外还要注意，进行批量的更新时，接口 PreparedStatement 的效率明显高于接口 Statement。这是因为接口 PreparedStatement 进行数据库的批量更新，预处理完后只更新一次，而接口 Statement 每执行一条语句更新一次；但如果更新数据库的量较少，接口 Statement 较快，这是因为接口 PreparedStatement 预处理需要耗费时间。

12.3.2 获得 SQL 语句的执行结果

ResultSet 包含符合 SQL 语句中条件的所有行，并且它通过一套 get 方法（这些 get 方法可以访问当前行中的不同列）提供了对这些行中数据的访问。方法 ResultSet.next()用于移动到 ResultSet 中的下一行，使下一行成为当前行。

1）不带参数的结果集查询接口 Statement，游标只能往下移动。在 E:\jdbc\conn 目录下编写一个文件并保存为 ResultSetSearchTest.java，程序代码如下：

```java
package conn;
import java.sql.Connection;
import java.sql.Statement;
import java.sql.ResultSet;
public class ResultSetSearchTest {
    /**
     * @param args
     */
    public static void main(String[] args) {
        try {   //TODO 自动生成方法存根
            String sql = "select * from login order by id";  //写一个最普通的查询语句
            Connection con = DBUtil.getConn();  //获得12.2.2节中的步骤5提供的连接
            Statement stmt = con.createStatement();
            ResultSet rs = stmt.executeQuery(sql);  //通过 Statement 获得结果集
            int i = 0;
            System.out.println("===开始获得所有记录===/n");
            while (rs.next()) {
                i++;
                System.out.println("开始获得第" + i + "条记录");
                System.out.println("第一个字段为:" + rs.getString(1));
                System.out.println("第一个字段通过名字获得为:" + rs.getString("id"));
                System.out.println("第一个字段通过名字并且改变类型获得为:" + rs.getInt("id"));
                System.out.println("第二个字段为:" + rs.getString(2));
                System.out.println("第二个字段通过名字获得为:" + rs.getString("name"));
                System.out.println("第三个字段为:" + rs.getString(3));
                System.out.println("第三个字段通过名字获得为:" + rs.getString("
```

```
password"));
                System.out.println("\n");
            }
            System.out.println(" ===获得所有记录成功 === /n");
        } catch (Exception e) {
            e.printStackTrace();
        }
    }
}
```

编译目录 E:\jdbc\conn 下的 Java 文件,即再次执行 12.2.2 节中的步骤 7,然后进入目录 E:\jdbc\classes\conn,并在该目录下测试 ResultSetSearchTest.class 文件,如图 12-14 所示。

图 12-14 测试结果,游标只能往下移动访问结果集

2) 带参数的结果集查询接口 Statement,游标可以任意移动。在 E:\jdbc\conn 目录下编写一个文件并保存为 ResultSetMoveTest.java,程序代码如下:

```
package conn;
import java.sql.Connection;
import java.sql.Statement;
import java.sql.ResultSet;
public class ResultSetMoveTest {
    /**
     * @param args
     */
    public static void main(String[] args) {
        try { //TODO 自动生成方法存根
            String sql = "select * from login order by id";  //写一个最普通的查询语句
            Connection con = DBUtil.getConn();  //获得12.2.2节中的步骤5提供的连接
```

```java
            Statement stmt = con.createStatement(ResultSet.TYPE_SCROLL_
INSENSITIVE,ResultSet.CONCUR_UPDATABLE);  //获得可以前后滚动的类型
            ResultSet rs = stmt.executeQuery(sql);   //通过 Statement 获得结果集
            int i = 0;
            System.out.println("=== 开始测试获得的所有记录 === \n");
            System.out.println("游标下移2条/n");
            rs.absolute(2);
            System.out.println("现在在第:" + rs.getRow() + " 行。");
            rs.last();
            System.out.println("现在共有:" + rs.getRow() + " 条记录。");
            rs.moveToInsertRow();
            System.out.println("插入一条记录。");
            rs.insertRow();
            System.out.println("插入一条记录。");
            rs.insertRow();
            rs.last();
            System.out.println("现在共有:" + rs.getRow() + " 条记录。");
            rs.deleteRow();
            rs.last();
            System.out.println("现在共有:" + rs.getRow() + " 条记录。");
            System.out.println("=== 测试获得的所有记录成功 === \n");
        } catch (Exception e) {
            e.printStackTrace();
        }
    }
}
```

编译目录 E:\jdbc\conn 下的 Java 文件，即再次执行 12.2.2 节中的步骤 7，然后进入目录 E:\jdbc\classes\conn，并在该目录下测试 ResultSetMoveTest.class 文件，如图 12-15 所示。

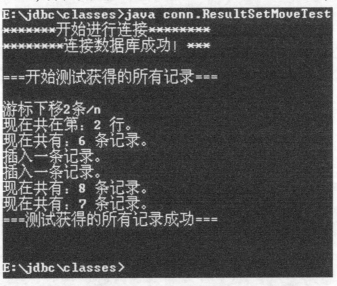

图 12-15　测试结果，游标可以任意移动访问结果集

对于不带参数的 Statement，获得的结果集的游标只能往下移动，并且不能修改结果集；而带上面程序中所提到的两个参数的结果集，可以更新结果集并且游标可以任意移动。Statement 提供了读取当前行中各个列中数据值的方法，其中根据列索引号来取得值的方法由于程序可读性和可维护性差而不推荐使用，通常使用的是通过 String 型字段名获取当前行中某列值的方法。

本章小结

本章介绍了如何使用 JDBC API 建立与数据库的连接、如何在 JDBC 中处理 SQL 查询以及结果。在实训部分重点介绍了在通过 JDBC 技术连接数据库后的各种操作，包括查询、增加、修改和删除 4 种基本操作。

习题 12

简答题

1. JDBC 的任务有哪些？
2. JDBC 常用接口有哪些？
3. 使用 JDBC 时方法 Class.forName( ) 有什么作用？请举一个应用的例子。
4. DriverManager 类提供什么方法来建立与数据库的连接？该方法的参数有哪些？
5. 有哪 3 种 Statement 对象？分别适用在什么情况下？
6. Statement 对象用于操作数据库，执行查询时使用该对象的什么方法？
7. 执行添删改操作时，使用该对象什么方法？

第 13 章　网络编程

学习目标

1. 掌握网络编程、URL 的相关概念（13.1 和 13.2）。
2. 能够编写基于 Socket 的网络程序（13.3）。
3. 能够编写基于 UDP 的网络程序（13.4）。

13.1　网络编程的基本概念

Java 网络编程的主要目的是通过相关协议实现网络使用者与远程服务器进行交互式对话。计算机网络形式多样、内容繁杂，网络上的计算机要互相通信，必须遵循一定的协议。目前使用最广泛的网络协议是 Internet 上所使用的 TCP/IP（传输控制协议/互联网协议）。

网络编程的目的就是直接或间接地通过网络协议与其他计算机进行通信。网络通信中有两个主要的问题，一个是如何准确定位网络上一台或多台主机，另一个就是找到主机后如何可靠、高效地进行数据传输。在 TCP/IP 中的 IP 层主要负责网络主机的定位和数据传输的路由，由 IP 地址可以唯一确定 Internet 上的一台主机。而 TCP 层则提供面向应用的可靠的活非可靠的数据传输机制，这是网络编程的主要对象，一般不需要关心 IP 层是如何处理数据的。

13.2　使用 URL 的 Java 网络编程

Java 语言提供了 java.net.URL 类和 java.net.URL.Connection 类。这两个类提供了一种简便的方法编写网络程序，实现一些较高级的协议访问 Internet。

13.2.1　URL 概述

URL（Uniform Resource Locator，统一资源定位器）是 Internet 的关键部分，它表示 Internet 上某一资源的地址。它提供了人和机器的导航，其功能是指向计算机里的资源（即定位）。URL 可以分成 3 个部分：通信协议、计算机地址和文件。URL 常见的通信协议有 3 种：HTTP、FTP 和 File。通过 URL 可以访问 Internet 上的各种网络资源，如常见的 WWW 和 FTP 站点。浏览器通过解析给定的 URL 可以在网络上查找相应的文件或其他资源。

URL 是通过一个资源对象在 Internet 上确切的位置来标识资源的规范。统一资源名（URN）是一个引用资源对象的方法，它不需要指明到达的完整路径，而是通过一个别名来引用资源。URN 和 URL 的关系类似于主机名和 IP 地址。尽管 URN 很有前途，但由于事先起来更为困难，因此多数软件都不支持 URN，目前 URL 规范已被广泛的应用。

URL 类封装了使用统一资源定位器访问 WWW 上的资源的方法。这个类可以生成一个寻址或指向某个 WWW 资源（Web 页、文本文件、图形文件、声频片段等）的对象。

13.2.2 URL 类

URL 的一般格式如下：

protocol://hostname:port/resourcename#anchor

URL 中各组成项的主要含义见表 13-1。

表 13-1　URL 各组成部分含义

符号	含义
protocol	协议，包含 HTTP、FTP、Gopher、News 及 Telnet 等
hostname	主机名，指定 DNS 服务器能访问的 WWW 上的计算机名称，如 www.sun.com
port	端口号，可选，表示所连的端口，只在要覆盖协议的默认端口时才有用。如果忽略端口号，将连接到协议默认的端口，如 HTTP 的默认端口为 80
resourcename	资源名，是主机上能访问的目录或文件
anchor	标记，可选，指定在资源文件中的有特定标记的位置

常见的 URL 的形式如下：

http://www.hnrpc.com/index.htm
http://www.hnrpc.com:85/oa/index.htm
http://local/demo/information#myinfo
ftp://local/demo/readme.txt

其中，第 2 个 URL 把标准 Web 服务器端口 80 改成不常用的 85 端口，第 4 个 URL 加上符号"#"，用于指定在文件 information 中标记为 myinfo 的部分。

13.2.3 创建 URL 对象

URL 类的构造方法见表 13-2。

表 13-2　URL 类的构造方法

方法名称	方法功能
URL（String url）	建立指向 url 资源的 URL 对象
URL（URL baseURL, String relativeURL）	通过 URL 基地址和相对于该基地址的资源名建立 URL 对象
URL（String protocol, String host, String file）	通过给定的协议、主机和文件名建立 URL 对象
URL（String protocol, String host, in tport, String file）	通过给定协议、主机、端口号和文件名建立 URL 对象

13.2.4 解析 URL

URL 类的常用方法见表 13-3。

表 13-3 URL 类的常用方法

方法名称	方法功能
getPort( )	获得端口号
getProtocol( )	获得协议
getHost( )	获得主机名
getFile( )	获得文件名
getRef( )	获得连接
getDefaultPort( )	获得默认的端口号
getUserInfo( )	获得用户信息
getContent( )	不必显式指定寻找的资源类型，就可以取回资源并返回相应的形式（如 GIF 或 JPEG 图形资源会返回一个 Image 对象）
openStream( )	打开一个输入流，返回类型是 InputStream，这个输入流的起点是 URL 实体对象的内容所代表的资源位置处，终点则是使用了该 URL 实体对象及方法 openStream( ) 的程序。在输入流建好了之后，就可以从输入流中读取数据了，而这些信息数据的实际来源，则是作为输入流起点的网上资源文件

13.2.5 从 URL 读取 WWW 网络资源

【例 13-1】从 URL 读取 WWW 网络资源示例。

```
1   import java.net.*;
2   import java.io.*;
3   public class URLInfo{
4       public static void main(String[] args) throws Exception{
5           try{
6               URL url = new URL("http://www.163.com");
7               InputStreamReader isr = new InputStreamReader(url.openStream());
8               BufferedReader br = new BufferedReader(isr);
9               String sInfo;
10              while((sInfo = br.readLine())!=null){
11                  System.out.println(sInfo);
12              }
13              br.close();
14              isr.close();
15          }
16          catch(Exception e){
17              System.out.println(e);
18          }
19      }
20  }
```

程序说明如下。

第 6 行：由 http://www.163.com 构造 URL 对象 url。

第 7 行：使用 URL 的方法 openStream( ) 构造输入流（InputStreamReader）对象 isr。

第 8 行：创建缓冲流（BufferedReader）对象 br。

第 10 行：从 br 中读取数据即可得到 url 所指定的资源文件。

第 11 行：显示读取的指定的 URL 信息。

第 17 行：输出捕获的异常，如网络不通，则会出现"java.net.UnknownHostException：www.163.com"的异常信息。

程序运行结果如图 13-1 所示。

图 13-1　URLInfo 运行结果

从 URLInfo.java 可以看出，一个 URL 对象对应一个网址，生成 URL 对象后，就可以调用该对象的方法 openStream( ) 读取网址中的信息。调用方法 openStream( ) 获取的是一个输入流对象，通过方法 read( ) 只能从这个输入流中逐字节读取数据，也就是从 URL 网址中逐字节读取信息。为了能更方便地从 URL 中读取信息，通过将原始的输入流转变成其他类型的输入流（如 BufferedReader 等）。

说明：

1）本例中的方法 openStream( ) 只能读取网络资源。

2）若要既能读取又能发送数据，可以使用 URL 类的方法 openConnection( ) 来创建一个 URLConnection 类的对象，该对象在本地计算机和 URL 指定的远程节点建立一条 HTTP 的数据通道，可进行双向数据传输。

13.2.6　通过 URLConnection 连接 WWW

1. URLConnection 类概述

利用 URL 类只能简单地读取网址中的信息，如果还要向服务器发送信息，就要使用 java.net 包中的 URLConnection 类。通过建立 URLConnection 对象可以自动完成通信的连接过程，通信需要的一些附加信息也由系统提供，大大简化了编程工作。

对一个已建立的 URL 对象调用方法 openConnection( )，就可以返回一个 URLConnection 对象，一般格式如下：

```
URL url = new URL("http://www.163.com")
URLConnection myurl = url.openConnection();
```

建立了 myurl 对象也就是在本机和网址 www.163.com 之间建立了一条 HTTP 的连接通路,就像在 Web 浏览器中输入网址连接网站一样。

2. URLConnection 类的方法

URLConnection 类的常用方法见表 13-4。

表 13-4　URLConnection 类的常用方法

方法名称	方法功能
void setAllowUserInteraction(Boolean flag)	访问网站时是否出现一个交互界面,flag 为 true 表示出现
void setDoInput(boolean flag)	如果要从 URLConnection 读出信息,则将 flag 设为 true
void setDoOutput(boolean flag)	如果要从 URLConnection 发送信息,则将 flag 设为 true
URL getURL()	获得 URLConnection 对象对应的 URL 对象
Object getContent()	获得 URL 的内容,返回一个 Object 对象
InputStream getInputStream()	获得可以从 URL 网址读取数据的输入流
OutputStream getOutputStream()	获得可以从 URL 网址发送数据的输出流
String getContentType()	获得 URL 内容的数据类型
int getContentLength()	获得 URL 内容的长度
String getHeaderFieldKey(int)	获得某个报头字段的名称
String getHeaderField(String or int)	获得某个报头字段的内容

【例 13-2】使用 URLConnection 实现网络连接示例。

```
1    import java.net.*;
2    import java.io.*;
3    public class URLInfo2{
4        public static void main(String[] args) throws Exception{
5            try{
6                URL url = new URL("http://www.163.com");
7                URLConnection urlconn = url.openConnection();
8                String sInput = "";
9                InputStreamReader isr = new InputStreamReader(urlconn.getInputStream());
10               BufferedReader br = new BufferedReader(isr);
11               String sInfo;
12               while ((sInfo = br.readLine())! = null){
13                   System.out.println(sInfo);
14               }
15               System.out.println(sInput);
16               br.close();
17           }
18           catch(Exception e){
19               System.out.println(e);
20           }
21       }
22   }
```

程序说明如下。

第 6 行：由 http://www.163.com 构造 URL 对象 url。
第 7 行：创建一个 URLConnection 类对象 urlconn。
第 9 行：使用 URLConnection 的方法 getInputStream() 读取信息。
程序运行结果如图 13-2 所示。

```
<li class="cover-title"><a href="http://pp.163.com/zaishuo/p
<li class="cover-title"><a href="http://pp.163.com/rainbowph
<li class="cover-title"><a href="http://pp.163.com/airneko/p
<li class="cover-title"><a href="http://pp.163.com/zhudi87/p
<li class="cover-title"><a href="http://pp.163.com/mz1717/pp
<li class="cover-title"><a href="http://pp.163.com/blackstat
                </ul>
            </div>
            <div class="tab-bd-con">
                <ul class="m-imglist imglist-150in960 c-fl">
                    <li class="cover-title"><a href="http://love.163.com/546427?
                    <li class="cover-title"><a href="http://love.163.com/636758?
                    <li class="cover-title"><a href="http://love.163.com/254081?
                    <li class="cover-title"><a href="http://love.163.com/187016?
                    <li class="cover-title"><a href="http://love.163.com/406510?
                    <li class="cover-title"><a href="http://love.163.com/5013620
                </ul>
            </div>
        </div>
<!-- endphoto.html end -->
</div>
</div>
```

图 13-2　URLInfo2 运行结果

从例 13-1 和例 13-2 可以看出，URL 和 URLConnection 的用法基本相同。两者最大的区别在于：

1）URLConnection 类提供了对 HTTP 首部的访问。
2）URLConnection 可运行用户配置服务器的请求参数。
3）URLConnection 可以获取从服务器发来的数据，同时也可以向服务器发送数据。

13.3　使用 Socket 的 Java 网络编程

13.3.1　Socket 通信（流式通信）

Socket（套接字）为网络通信程序提供了一套丰富的方法，应用程序可以利用 Socket 提供的 API 实现底层网络通信。Socket 相对 URL 而言是在较低层次上进行通信。

Socket 是 TCP/IP 中的基本概念，它的含义类似于日常使用的插座，主要用来实现将 TCP/IP 包发送到指定的 IP 地址。通过 TCP/IP Socket 可以实现可靠、双向、一致、点对点、基于流的主机和 Internet 之间的连接。使用 Socket 可以用来连接 Java 的 I/O 系统到其他程序，这些程序可以在本地计算机上，也可以在 Internet 的远程计算机上。

利用 Socket 实现数据传送原理的基本原理是：服务器程序启动后，服务器应用程序侦听特定端口，等待客户的连接请求；当一个连接请求到达时，客户和服务器建立一个通信连接；在连接过程中，客户被分配一个本地端口号并且与一个 Socket 连接，客户通过写 Socket 来通知服务器，以读 Socket 来获取信息；类似地，服务器也获取一个本地端口号，它需要一个新的端口号来侦听原始端口上的其他连接请求，从而与客户通信。

应用程序一般仅在同一类的 Socket 之间通信。不过只要底层的通信协议允许，不同类型的 Socket 之间也可以通信。

Socket 有两种类型：流 Socket 和数据包 Socket。其中流 Socket 提供双向的、有序的、无重复并且无记录边界的数据流服务，TCP 即是一种流 Socket 协议。而数据包 Socket 也支持双向的数据流，但并不保证是可靠、有序、无重复的。数据包 Socket 的一个重要特点是它保留了记录边界，UDP 即是一种数据包 Socket 协议。

13.3.2 Socket 通信的一般过程

客户端 Socket 的工作过程通常包含以下 4 个基本步骤：

1）创建 Socket。根据指定的 IP 地址或端口号构造 Socket 类对象，如服务器响应，则建立客户端到服务器的通信线路。

2）打开连接到 Socket 的 I/O 流。使用方法 getInputStream() 获得输入流，使用方法 getOutputStream() 获得输出流。

3）按照一定的协议对 Socket 进行读/写操作。通过输入流读取服务器放入线路的信息（但不能读取自己放入通信线路的信息），通过输出流将信息写入线路。

4）关闭 Socket。断开客户端到服务器的连接，释放线路。

对于服务器而言，将上述第一步改为构造 ServerSocket 类对象，监听客户端的请求并进行响应。基于 Socket 的 C/S 通信如图 13-3 所示。

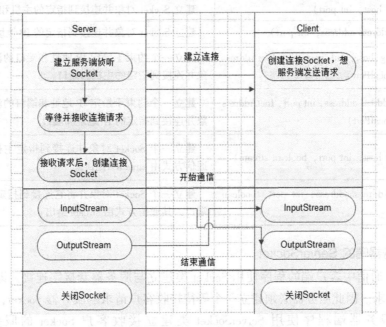

图 13-3 基于 Socket 的 C/S 通信

13.3.3 创建 Socket

Java 的 Socket 类提供了丰富的功能。服务器使用的一般是 ServerSocket，通过连接使双方都会产生一个实例，对实例进行操作来实现通信。大部分工作都是在抽象类 SocketImpl 中定义的。

构造 Scoket 对象一共有 8 种方法，其中常见的构造方法见表 13-5。

表 13-5　Scoket 常见构造方法

方法名称	方法功能
Socket( )	创建一个 Socket 对象
Socket(String host, in port)	创建一个 Socket 对象并连接到指定的主机和端口
Socket(InetAddress address, int port)	创建一个 Socket 对象并连接到指定的 IP 地址和端口
Socket(String host, int port, InetAddress localAddr, int localPort)	这个构造方法是最详细的,包括指定了本机的地址和端口

13.3.4　客户端的 Socket

在 Socket 通信中客户端程序使用 Socket 类建立与服务器 Socket 的连接,Socket 类的构造方法见表 13-6。

表 13-6　Socket 类的构造方法

方法名称	方法功能
Socket( )	建立未连接的 Socket 对象
Socket(SocketImpl impl)	通过 SocketImpl 类对象建立未连接的 Socket 对象
Socket(String host, int port)	建立 Socket 对象并连接到指定的主机和端口
Socket(InetAddress address, int port)	建立 Socket 对象并连接到指定的 IP 地址和端口
Socket(String host, int port, int InetAddress localAddr, in localPort)	建立一个约束于给定 IP 地址和端口的流式 Socket 对象并连接到指定的主机和端口
Socket(InetAddress address, int port, InetAddress localAddr, int localPort)	建立一个约束于给定 IP 地址和端口的流式 Socket 对象并连接到指定的 IP 地址和端口
Socket(String host, int port, boolean stream)	建立一个 Socket 对象并连接到指定主机和端口,其通信方式由 stream 给出
Socket(InetAddress address, int port, boolean stream)	建立一个 Socket 对象并将它连接到指定的 IP 地址和端口,其通信方式由 stream 给出

13.3.5　服务器端的 ServerSocket

在 Socket 通信中客户端的程序使用 Socket 类建立与服务器套接字连接,即客户向服务器发出连接请求。因此服务器必须建立一个等待接收客户请求的服务器 Socket,以响应客户端的请求。服务器端程序使用 ServerSocket 类建立接收客户 Socket 的服务器 Socket。ServerSocket 类的构造方法和常用方法见表 13-7。

表 13-7　ServerSocket 类的构造方法和常用方法

方法名称	方法功能
ServerSocket(int port)	在本地机上的指定端口处创建服务器 Socket,客户使用此端口与服务器通信。如果端口指定为 0,那么可在本地机上的任何端口处创建服务器 Socket

(续)

方法名称	方法功能
ServerSocket(int port, int backlog)	在本地机上的指定端口处创建服务器 Socket。第 2 个参数指出在指定端口处服务器 Socket 支持的客户连接的最大数
ServerSocket(int port, int backlog, InetAddress bindAddr)	在本地机上的指定端口处创建服务器 Socket。第 3 个参数用来创建多个宿主机上服务器 Socket。服务器 Socket 只接收指定 IP 地址上的客户请求
Socket accept()	在服务器 Socket 监听客户连接并接收它。此后，客户建立与服务器的连接，此方法返回客户的 Socket
void close()	关闭服务器 Socket
String toString()	返回作为串的服务器 Socket 的 IP 地址和端口号

客户端和服务器端通过 Socket 进行通信时，要进行读写端口和取地址操作。读写端口和取地址的方法见表 13-8。

表 13-8 读写端口和取地址的方法

方法名称	方法功能
InetAddress getInetAddress()	返回套接口所连接的地址
int getPort()	返回该套接口连接的远程端口
synchronized void close()	关闭套接口
InputStream getInputStream()	获得从套接口读入数据的输入流
OutputStream getOutputStream()	获得向套接口进行写操作的输出流

【例 13-3】服务器和一个客户的通信示例。

服务器端程序代码如下：

```
1   import java.io.*;
2   import java.net.*;
3   public class ServerToSingle{
4       public static void main(String[] args){
5           try{
6               ServerSocket serversocket = new ServerSocket(4008);
7               System.out.println("服务器已经启动...");
8               Socket server = serversocket.accept();
9               String sMsg;
10              BufferedReader sin = new BufferedReader(new InputStreamReader(System.in));
11              BufferedReader is = new BufferedReader(new InputStreamReader(server.getInputStream()));
12              PrintWriter os = new PrintWriter(server.getOutputStream());
13              System.out.println("[客户]:" + is.readLine());
14              sMsg = sin.readLine();
15              while(! sMsg.equals("bye")){
16                  os.println(sMsg);
```

```
17              os.flush();
18              System.out.println("[我]:" + sMsg);
19              System.out.println("[客户]:" + is.readLine());
20              sMsg = sin.readLine();
21          }
22          System.out.println("通话结束!");
23          os.close();
24          is.close();
25          server.close();
26          serversocket.close();
27      }
28      catch(IOException e){
29          System.out.println("Error" + e);
30      }
31   }
32 }
```

程序说明：

第 6 行：使用 ServerSocket 类创建 ServerSocket 对象（4008 端口）。

第 8 行：使用 ServerSocket 的方法 accept() 在服务器端监听客户端发出请求的 Socket 对象。

第 10 行：由系统标准输入创建 BufferedReader 对象。

第 11 行：由 Socket 输入流创建 BufferedReader 对象。

第 12 行：由 Socket 输出流创建 PrintWriter 对象。

第 14 行：从标准输入设备接收用户输入的信息。

第 15~21 行：使用 os.flush 发出信息，并通过 is.readLine 显示客户发送的信息，如果输入"bye"则结束本次会话，否则继续和客户端通信。

第 18~19 行：通过标准输出设备输出客户端消息和服务器端消息。

第 20 行：继续从标准输入设备输入。

第 23~24 行：关闭输出流和输入流。

第 25~26 行：关闭端口。

程序运行结果如图 13-4 所示。

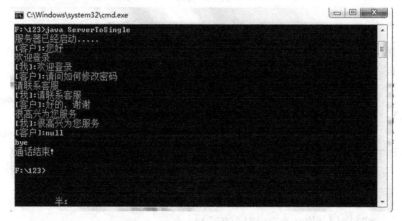

图 13-4　ServerToSingle 运行结果

客户端程序代码如下：

```
1    import java.io.*;
2    import java.net.*;
3    public class SingleClient{
4        public static void main(String[] args){
5            try{
6                Socket client = new Socket("127.0.0.1",4008);
7                BufferedReader sin = new BufferedReader(new InputStreamReader(System.in));
8                BufferedReader is = new BufferedReader(new InputStreamReader(client.getInputStream()));
9                PrintWriter os = new PrintWriter(client.getOutputStream());
10               String sMsg;
11               sMsg = sin.readLine();
12               while(! sMsg.equals("bye")){
13                   os.println(sMsg);
14                   os.flush();
15                   System.out.println("[我]:"+sMsg);
16                   System.out.println("[服务器]:"+is.readLine());
17                   sMsg = sin.readLine();
18               }
19               System.out.println("通话结束!");
20               os.close();
21               is.close();
22               client.close();
23           }catch(IOException e){
24               System.out.println("Error:"+e);
25           }
26       }
27   }
```

程序说明如下。

第 6 行：通过本机地址 127.0.0.1 和端口 4008 构造客户端 Socket 对象。

第 7 行：由系统标准输入创建 BufferedReader 对象。

第 8 行：由 Socket 输入流创建 BufferedReader 对象。

第 9 行：由 Socket 输出流创建 PrintWriter 对象。

第 11 行：从标准输入设备接收用户输入的信息。

第 12~18 行：发送信息到服务端，并显示来自服务器端的信息，如果用户输入"bye"则结束本次会话，否则保持和服务器的通信。

第 13 行：将从标准输入设备的内容写入到 Server。

第 14 行：刷新输出流。

第 15~16 行：通过标准输出设备输出客户端消息和服务端消息。

第 17 行：继续从标准输入设备输入。

第 20～21 行：关闭输出流和输入流。

第 22 行：关闭端口。

程序运行结果如图 13-5 所示。

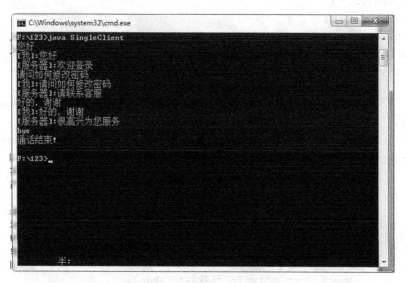

图 13-5　SingleClient 运行结果

说明：服务器端程序要先于客户端程序启动，否则将会发生错误。

 注意：例 13-3 实现了一个服务器和指定客户之间的通信，但这种通信是一对一的，即一个服务器程序只能与一个客户进行通信。如果要实现一对多的通信，即一个服务器程序和多个客户进行通信，在服务器端需要借助于线程来实现对多个客户请求的响应。

13.3.6　支持多客户的 Client/Server 程序设计

【例 13-4】服务器和多个客户的通信示例。

在 C/S 模式的实际应用中，往往是在服务器上运行一个永久的程序，它可以接收来自其他多个客户端的请求，提供相应的服务。为了实现在服务器方给多个客户提供服务的功能，需要对例 13-3 中的程序进行改造，在服务器端利用多线程响应多客户请求。服务器总是在指定的端口上监听是否有客户请求，一旦监听到客户请求，服务器就会启动一个专门的服务线程来响应该客户的请求，而服务器本身在启动完线程之后马上又进入监听状态，等待下一个客户的到来。

服务器端程序代码如下：

```
1    import java.io.*;
2    import java.net.*;
3    public class ServerToMulti{
4        static int iClient =1;
5        public static void main(String[] args) throws IOException{
6            ServerSocket serversocket = null;
```

```
7           try{
8               serversocket = new ServerSocket(4008);
9               System.out.println("服务器已经启动");
10          }catch(IOException e){
11              System.out.println("Error"+e);
12          }
13          while(true){
14              ServerThread st = new ServerThread(serversocket.accept(),iClient);
15              st.start();
16              iClient ++;
17          }
18      }
19  }
20  class ServerThread extends Thread{
21      Socket server;
22      int iCounter;
23      public ServerThread(Socket socket,int num){
24          server = socket;
25          iCounter = num;
26      }
27      public void run(){
28          try{
29              String msg;
30              BufferedReader sin = new BufferedReader(new InputStreamReader(System.in));
31              BufferedReader is = new BufferedReader(new InputStreamReader(server.getInputStream()));
32              PrintWriter os = new PrintWriter(server.getOutputStream());
33              System.out.println("[客户 "+iCounter+"]:"+is.readLine());
34              msg = sin.readLine();
35              while(! msg.equals("bye")){
36                  os.println(msg);
37                  os.flush();
38                  System.out.println("[我]:"+msg);
39                  System.out.println("[客户 "+iCounter+"]:"+is.readLine());
40                  msg = sin.readLine();
41              }
42              System.out.println("通话结束!");
43              os.close();
44              is.close();
45              server.close();
46          }catch(IOException e){
47              System.out.println("Error:"+e);
48          }
49      }
50  }
```

程序说明如下。

第8行：创建ServerSocket端口在4008处监听客户端。
第14行：构造ServerThread类对象对客户请求进行监听。
第15行：启动线程实现与特定客户端的通信。
第20~49行：负责监听客户端请求的ServerThread类。

多客户与服务器的通信程序中的客户端程序代码与例13-3中的客户端程序代码一样，此处不再赘述，仅为了区别将文件名SingleClient改为Client。

程序运行结果如图13-6所示。

图13-6　例13-4运行结果

13.3.7　URL与Socket通信的区别

利用URL进行通信与利用Socket进行通信有许多相似之处，它们都是利用建立连接、获取流来进行通信。那么，它们的区别在何处呢？

利用Socket进行通信时，在服务器端运行一个Socket通信程序。服务器端不停地监听某个端口，等待客户的连接申请，接到申请后建立连接并进行通信。所以，在Socket通信方式中，服务器是主动等待连接通信的到来。

利用URL进行通信时，在服务器端常驻一个CGI程序，但它一直处于休眠状态，只有在客户端要求建立连接时才被激活，然后与用户进行通信。所以，在URL通信方式中，服务器是被动等待连接通信的到来。

由于URL通信和Socket通信的方式不同，所以，它们有各自的特点。利用Socket进行通信时，服务器端的程序可以打开多个线程与多个客户进行通信，还可以通过服务器使各个客户之间进行通信。这种方式比较灵活，适用于一些较复杂的通信，但是服务器端的程序必须始终处于运行状态以监听端口。利用URL进行通信时，服务器端的程序只能与一个客户进行通信，形式比较单一。但是它不需要服务器端的CGI程序一直处于运行状态，只是在有客户申请时才被激活。所以，这种方式比较适用于客户机的浏览器与服务器之间的通信。

13.4　数据报通信

通信可以分为面向连接和面向无连接两种，后者就像投递一封普通信件，不需要关心信件是否寄到了收件人手里。数据报（Datagram）就是一种面向无连接的通信方法。它基于 UDP，不需要建立和释放连接，每次通信时只要构造一个 DatagramPacket 实例发送出去，对方同样构造一个 DatagramPacket 实例接收。

TCP 和 UDP 是两种不同的连接方式，当对数据可靠性要求较高时使用前者，其他情况使用后者。

IANA（The Internet Assigned Numbers Authority，互联网数字分配机构）把端口号分为熟知端口号、注册端口号和临时端口号 3 类，其所有值的范围在 0～65535 之间。熟知端口号的范围是 0～1023；注册端口号是指 1024～49151 的端口；如果用户开发的程序使用临时端口号，可以使用 49152～65535 之间任何一个。

13.4.1 DatagramPacket 类和 DatagramSocket 类

DatagramPacket 类和 DatagramSocket 类都用于数据报通信，但两者的功能不同。简而言之，每一个数据报文都是一个 DatagramPacket 实例，它们被一个 DatagramSocket 实例发送或者接收。

1. DatagramPacket 类的构造方法

DatagramPacket 类一共有 6 种构造方法，见表 13-9，其中最常用的为前 4 种，学会这 4 种就可以触类旁通。

表 13-9 DatagramPacket 的构造方法

方法名称	方法功能
DatagramPacket(byte[ ] buf,int length)	构造 DatagramPacket 对象，用来接收长度为 length 的数据报
DatagramPacket(byte[ ] buf,int length,InetAddress address,int port)	构造 DatagramPacket 对象，用来发送数据报到指定的目标地址和端口，包含内容为 buf 数组里从 0 开始长度为 length 的字节
DatagramPacket(byte[ ] buf,int offset,int length)	构造 DatagramPacket 对象，用来接收长度为 length 的数据报，在缓冲区中指定了偏移量
DatagramPacket(byte[ ] buf,int offset,int length,InerAddress address,int port)	构造 DatagramPacket 对象，用来将长度为 length、偏移量为 offset 的数据报发送到指定地址和端口
DatagramPacket(byte[ ] buf,int offset,int length,SocketAddress address)	构造 DatagramPacket 对象，用来将长度为 length、偏移量为 offset 的数据报发送到指定的套接字地址
DatagramPacket(byte[ ] buf,int length,SocketAddress address)	构造 DatagramPacket 对象，用来将长度为 length 的数据报发送到指定的套接字地址

从构造函数的参数可以看出，一个数据报文主要包括 IP 地址、端口号、数据（data）、数据长度等，类自带的方法也主要用于得到这些值或者改变这些值。这些方法包括 getAddress( )、getData( )、getLength( )、getPort( )、getData(byte[ ] buf)、setLength(int length)、setPort(int iport)、setSocketAddress(SocketAddress address)。

2. DatagramSocket 类的构造方法

DatagramSocket 类的构造方法见表 13-10。

表 13-10　DatagramSocket 类的构造方法

方法名称	方法功能
DatagramSocket()	构造数据报套接字并将其绑定到本地主机上任何可用的端口
DatagramSocket(DatagramSocketImpl impl)	构造带有指定 DatagramSocketImpl 的未绑定数据报套接字
DatagramSocket(int port)	构造数据报套接字并将其绑定到本地主机上的指定端口
DatagramSocket(int port, InetAddress laddr)	构造数据报套接字，将其绑定到指定的本地地址
DatagramSocket(SocketAddress bindaddr)	构造数据报套接字，将其绑定到指定的本地套接字地址

13.4.2　基于 UDP 的简单 Client/Server 程序设计

【例 13-5】简单聊天吧的实现。

服务器端程序代码如下：

```
1   import java.net.*;
2   import java.io.*;
3   public class ServerOfUDP{
4       static final int PORT = 4000;
5       private byte[] buf = new byte[1000];
6       private DatagramPacket dgp = new DatagramPacket(buf,buf.length);
7       private DatagramSocket sk;
8       public ServerOfUDP(){
9           try{
10              sk = new DatagramSocket(PORT);
11              System.out.println("服务器已经启动");
12              while(true){
13                  sk.receive(dgp);
14                  String sReceived = "(" + dgp.getAddress() + ": " +dgp.getPort() +")" + new String(dgp.getData(),0,dgp.getLength());
15                  System.out.println(sReceived);
16                  String sMsg = "";
17                  BufferedReader stdin = new BufferedReader(new InputStreamReader(System.in));
18                  try{
19                      sMsg = stdin.readLine();
20                  }catch(IOException ie){
21                      System.err.println("输入输出错误!");
22                  }
23                  String sOutput = "[服务器]: " + sMsg;
24                  byte[] buf = sOutput.getBytes();
25                  DatagramPacket out = new DatagramPacket(buf,buf.length,dgp.getAddress(),dgp.getPort());
26                  sk.send(out);
27              }
28          }catch(SocketException e){
29              System.err.println("打开套接字错误!");
```

```
30              System.exit(1);
31          }catch(IOException e){
32              System.err.println("数据传输错误!");
33              e.printStackTrace();
34              System.exit(1);
35          }
36      }
37      public static void main(String[] args){
38          new ServerOfUDP();
39      }
40  }
```

程序说明如下。

第 4 行：使用 PORT 常量设置服务端口。
第 6 行：构造 DatagramPacket 对象。
第 10 行：使用方法 DatagramSocket(PORT) 构造 DatagramSocket 对象。
第 13 行：使用方法 receive() 等待接收客户端数据。
第 14～15 行：构造接收数据格式，并显示数据。
第 19 行：读取标准设备输入。
第 24 行：复制字符到缓存。
第 25 行：构造 DatagramPacket 对象打包数据。
第 26 行：发送回复信息。

客户端程序代码如下：

```
1   import java.net.*;
2   import java.io.*;
3   public class ClientOfUDP{
4       private DatagramSocket ds;
5       private InetAddress ia;
6       private byte[] buf = new byte[1000];
7       private DatagramPacket dp = new DatagramPacket(buf,buf.length);
8       public ClientOfUDP(){
9           try{
10              ds = new DatagramSocket();
11              ia = InetAddress.getByName("localhost");
12              System.out.println("客户端已经启动");
13              while(true){
14                  String sMsg = "";
15                  BufferedReader stdin = new BufferedReader(new InputStreamReader(System.in));
16                  try{
17                      sMsg = stdin.readLine();
18                  }catch(IOException ie){
19                      System.err.println("I/O错误!");
20                  }
```

```
21                if(sMsg.equals("bye")) break;
22                String sOut = "[客户]: " + sMsg;
23                byte[] buf = sOut.getBytes();
24                DatagramPacket out = new DatagramPacket(buf,buf.length,ia,
ServerOfUDP.PORT);
25                ds.send(out);
26                ds.receive(dp);
27                String sReceived = "(" + dp.getAddress() + ":" + dp.getPort()
+")" + new String(dp.getData(),0,dp.getLength());
28                System.out.println(sReceived);
29            }
30        }catch(UnknownHostException e){
31            System.out.println("未找到服务器!");
32            System.exit(1);
33        }catch(SocketException e){
34            System.out.println("打开套接字错误!");
35            e.printStackTrace();
36            System.exit(1);
37        }catch(IOException e){
38            System.err.println("数据传输错误!");
39            e.printStackTrace();
40            System.exit(1);
41        }
42    }
43    public static void main(String[] args){
44        new ClientOfUDP();
45    }
46 }
```

程序说明如下。

第 10 行：使用默认构造方法 DatagramSocket() 创建 DatagramSocket 对象 ds。

第 11 行：获取主机地址。

第 17 行：读取标准设备输入。

第 21 行：如果输入"bye"则表示退出程序。

第 24 行：构造 DatagramPacket 对象打包数据。

第 25 行：使用 DatagramSocket 的方法 send() 发送数据。

第 26 行：使用 DatagramSocket 的方法 receive() 接收服务器数据。

第 27~28 行：构造接收数据格式，并显示数据。

说明：

1) 如果在同一台计算机上进行测试，先运行服务程序，后运行客户程序，即可检验 UDP 的通信情况。

2) 也可以在两台计算机之间通信，只需要将客户程序中指定的服务者主机名改为相应的主机名即可。

本章小结

本章的主要内容包括 URL 类、Socket 类、数据报通信等。URI（Uniform Resource Identifier，统一资源标识符）和 URL（Uniform Resource Locator，统一资源定位器）略有不同。构建一个 URL 对象有 6 种方法，且使用 URL 类可以方便地访问 HTTP 和 FTP 资源而无须了解复杂的通信过程。

Socket 类提供了更加灵活的编程方式。客户端一般是 Socket 类，而服务器使用 ServerSocket 类，每接收一个请求，就用一个方法 accept( ) 返回一个 Socket 实例。这种通信方式一般要先建立连接，结束后要关闭连接。

数据报通信是基于 UDP 的，通信前无须建立连接，结束后也不必关闭连接，涉及的类包括 DatagramSocket 和 DatagramPacket。发送前要构造好至少两个实例，注意 DatagramSocket 对象一般使用本机地址来创建，而 DatagramPacket 对象使用的是接收方的地址，这点不要混淆。

习 题 13

一、选择题

1. 在 TCP/IP 中，端口 25 一般用于（　　）服务。
   A. FTP　　　　B. SMTP　　　　C. HTTP　　　　D. Telnet
2. HTTP 的请求头中 Referer 代表的意义是（　　）
   A. 当前网页的参考文档　　　　B. 该网站首页地址
   C. 证书的认证机构（CA）　　　D. 从该地址出发访问当前的页面
3. 下列使用的不是对称密码的是（　　）。
   A. RSA　　　　B. Blosfish　　　　C. DES　　　　D. AES

二、填空题

1. URI 的全称是_____。
2. B 类 IP 地址的范围是_____。
3. 加密算法一般分为_____和_____。

三、编程题

编写程序获取网络服务器相关信息。

参考文献

[1] 耿祥义. Java 基础教程 [M]. 3 版. 北京：清华大学出版社，2012.
[2] 刘志成. Java 程序设计实例教程 [M]. 北京：机械工业出版社，2010.
[3] 解绍词. Java 面向对象程序设计教程 [M]. 北京：中国水利水电出版社，2015.
[4] Stuart Reges, Marty Stepp. Java 程序设计教程 [M]. 陈志，等译. 北京：机械工业出版社，2015.